"十四五"时期国家重点出版物出版专项规划项目

农 业 科 普 丛 书

50问带你读懂转基因

中国农业科学院　组织编写

中国农业科学技术出版社

图书在版编目（CIP）数据

50 问带你读懂转基因 / 中国农业科学院组织编写. -- 北京：中国农业科学技术出版社，2022.10（2024.3重印）

ISBN 978-7-5116-5715-2

I. ① 5… II. ①中 … III. ①转基因食品—食品安全–手册 IV. ① TS201.6-62

中国版本图书馆 CIP 数据核字（2022）第 042287 号

责任编辑 张志花
责任校对 李向荣
责任印制 姜义伟 王思文

出 版 者 中国农业科学技术出版社
北京市中关村南大街 12 号 邮编 :100081
电 话 （010）82106636（编辑室）（010）82109702（发行部）
（010）82109709（读者服务部）
传 真 （010）82106636
网 址 http: // www.castp.cn
经 销 者 各地新华书店
印 刷 者 北京科信印刷有限公司
开 本 170 mm × 240 mm 1/16
印 张 7.5
字 数 65 千字
版 次 2022 年 10 月第 1 版 2024 年 3 月第 2 次印刷
定 价 29.80 元

编委会

主　　编：林　敏

副 主 编：赵玉林　蔡晶晶

参编人员（按姓氏笔画排序）：

付　伟　杜智欣　李　亮　李云河

杨雄年　彭于发　燕永亮

前　言 PREFACE

自1973年重组DNA技术诞生，现代生物技术的发展就进入了快行道。转基因技术作为生物技术的一个典型代表，一出现就迅速应用于医药、工业等领域，推动了生物产业的迅猛发展。但是，1996年第一个转基因作物商业化后，转基因技术在农业领域的应用却受到冰火两重天的待遇。民以食为天，当用转基因技术去解决“吃饭”问题时，“安全”与“风险”就受到了高度关注，加上受到宗教信仰、传统文化、国际竞争等因素的影响，转基因被污名化、妖魔化、政治化，网络上各种信息、观点让人目不暇接，不同的群体进行思辨、论战，众说纷纭，让人一头雾水，看不明白。

为此，我们编纂了这本科普小册子，希望能带领大家“看”个明白，科学认识转基因和转基因技术，深入了解转基因技术的原理、转基因生物的安全评价和转基因产品的应用，让转基因技术在推动农业高质量发展上发挥出应有的作用。

本书共分5章，包括基础篇、技术篇、应用篇、安全篇及展望篇，主要对公众关心的41个热点问题进行科普性解读，如转基因的原理是什么？转基因食品与非转基因食品一样安全吗？我们身边有哪些转基因食品？转基因育种和常规育种有什么不同？如何检测农产品是否含有转基因成分？未来会出现多功能转基因农产品吗？安全篇还设立了真相揭秘专栏，列出了9个常见的谣言谬误，并加以解析。

希望本书能够成为了解转基因知识的一个窗口，使广大公众不再受到网络上纷杂信息的误导，减少对转基因安全性的疑虑和担忧，为我国转基因技术的发展营造良好的社会环境。

编　者

2022年7月

目　录 CONTENTS

基础篇

转基因技术是人类科技史上发展速度最快、应用范围最广、产业影响最大的现代生物技术，将为保障粮食安全注入新动能。

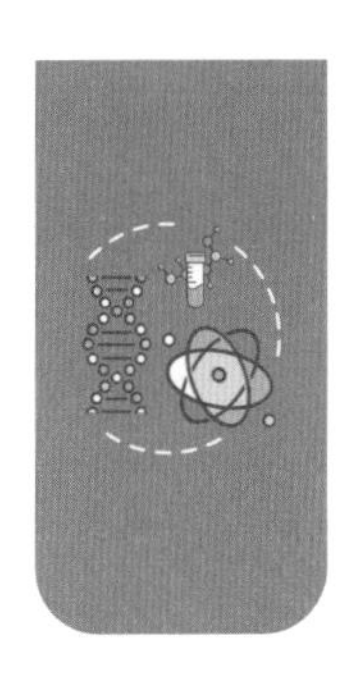

技术篇

我国已成为继美国之后的第二转基因研发大国，实现了从局部创新到“自主基因、自主技术、自主品种”的整体跨越。

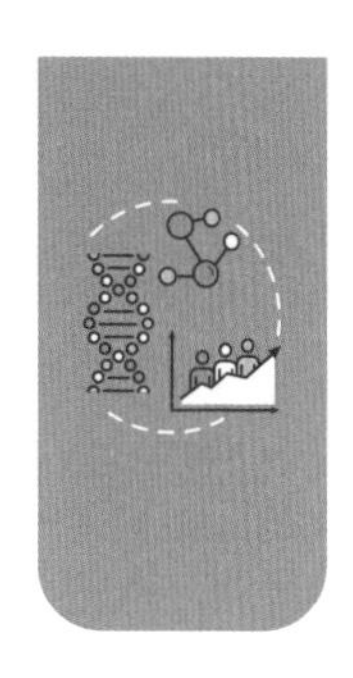

应用篇

目前，全球共有 71 个国家或地区批准种植或进口转基因作物，种类从转基因大豆、棉花、玉米、油菜拓展到转基因马铃薯、苹果、苜蓿等 32 种作物。

安全篇

通过安全评价依法批准上市的转基因食品与传统食品同等安全。

UNCOVER
THE TRUTH
真相揭秘
专栏

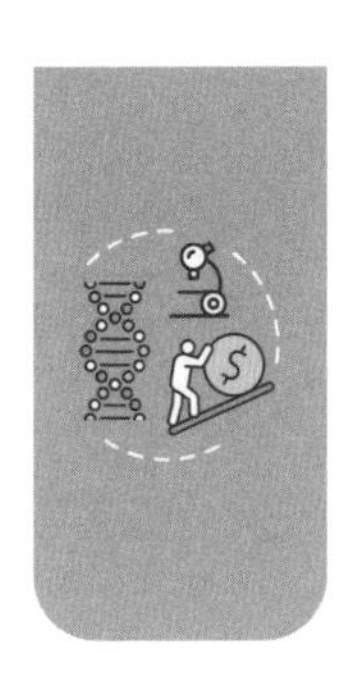

展望篇

国际上转基因技术已广泛应用于医药、工业、农业、环保、能源等领域，成为新的经济增长点，在未来数十年内将对人类社会产生重大影响。

基础篇

转基因技术是人类科技史上发展速度最快、应用范围最广、产业影响最大的现代生物技术，将为保障粮食安全注入新动能。

1 科技界对发展转基因技术有哪些共识？

要想了解在转基因问题上究竟有无科学共识，一个可行的途径，就是考察相关权威组织或者相关领域主流科学家对此问题的看法和意见。

联合国粮农组织（FAO）、世界卫生组织（WHO）、国际经合组织（OECD）在充分研究后得出结论：目前上市的转基因食品都是安全的。根据500多个独立科学团体历时25年开展的130多个科研项目，欧盟委员会2010年发表报告得出结论，“生物技术，特别是转基因技术，并不比传统育种技术更有风险”。美国国家科学院、美国科学促进会、日本厚生劳动省、英国皇家医学会、法国科学院等世界主要科技机构、学术组织及管理部门都对转基因的安全性达成一致看法，认为目前商业化种植的转基因作物与传统方法培育的作物在安全性上没有差异。

2016年6月29日，100多位诺贝尔奖获得者联名向国际环保组织、绿色和平组织、联合国和各国政府发出共同倡议，支持发展转基因技术和转基因食品。科学家们要求绿色和平组织停止反对通过生物技术改良农作物和食品的活动，

“生物技术，特别是转基因技术，并不比传统育种技术更有风险”

“我们认为目前商业化种植的转基因作物与传统方法培育的作物在安全性上没有差异”

欧盟委员会

美国国家科学院

美国科学促进会

日本厚生劳动省

英国皇家医学会

法国科学院

世界主要科技机构、学术组织及管理部门一致认为转基因技术是安全的

重新分析全球生产者和消费者借助生物技术改良农作物和食物的经验，承认权威科学机构和监管机构的研究成果。公开信呼吁应该让农民有机会利用现代生物技术工具，特别是通过生物技术改良种子的技术。公开信还援引联合国粮农组织的预测指出，全球粮食产量到 2050 年需要翻番才可能满足人口增长的需求，而转基因技术是提高产量的重要手段。在安全方面，公开信指出，经过审批的转基因作物是安全的，迄今没有任何一个能被确认的由转基因食品导致的健康问题案例。

2 我国为什么要发展转基因技术？

转基因技术是迄今为止全球发展速度最快、应用范围最广、产业影响最大的现代生物技术，也是现代生物育种技术的重要方面。发展转基因技术是提高我国农业综合生产能力、确保国家粮食安全的必然选择。

首先是缓解资源约束的需要。我国是人口大国，解决14亿人的吃饭问题始终是头等大事。但我国人多地少，水资源短缺，生态环境脆弱，重大病虫害频发，干旱、高温、冷害等极端天气严重，农药、化肥使用不合理，这些都给我国农业生产和粮食安全带来极大的挑战。突破耕地、水、热等资源约束，保障国家粮食安全，归根结底要靠科技创新和应用。化肥、农药、杂交育种等传统方法和技术的使用已经无法满足未来人口和社会发展的需要，而发展转基因技术不但可以大幅提高农产品产量、改善农产品品质、确保农产品有效供给，而且可以有效降低农业生产成本、减少农药使用量、减轻自然灾害损失、促进农业绿色发展。

其次是加快动植物品种改良的需要。动植物的品种改良经历了从简单到复杂、从低级到高级的不同发展历程。选择育种、杂交育种、诱变育种等传统育种技术，一般只能在同一物种内实现基因的转移，而不能跨物种进行，优异基因来源有限，育种成败往往依赖于育种者的经验和机遇，存在很大的盲目性和不可预测性，选育周期长、效率低。而转基因技术克服了传统育种技术的局限性，打破了物种之间的界限，拓宽了可利用的基因来源，能够做到精准、快捷、高效地获取、转移、重组我们想要的优良基因，加快了对品种的抗性、品质、产量等多种性状的协调改良，能够解决传统育种技术不能解决的重大生产问题，引领产业发展的新方向。

国内大量企业进军转基因产品研发市场

最后是提高农业科技竞争力的需要。农业生物育种技术研发应用水平已成为衡量一个国家农业核心竞争力的重要标志。为了抢占农业竞争的制高点，世界主要国家都高度重视农业转基因技术的创新和产业化，纷纷加大投资力度，加速转基因品种的生产应用。发展转基因技术，抢占农业生物育种技术及其产业制高点，把握种业自主权，是增强我国农业核心竞争力的重大战略。

3 我国政府对发展转基因技术是什么态度？

我国政府对发展转基因技术是积极稳妥的态度

习近平总书记在2013年中央农村工作会议上指出："转基因是一项新技术，也是一个新产业，具有广阔发展前景。作为一个新生事物，社会对转基因技术有争论、有疑虑，这是正常的。对这个问题，我强调两点：一是确保安全，二是要自主创新。也就是说，在研究上要大胆，在推广上要慎重。"

自2007年起，前后有7次中央一号文件中直接提到"转基因"。2016年中央一号文件强调，要"加强农业转基因技术研发和监管，在确保安全的基础上慎重推广”。对发展转基因的要求是：研究上要大胆，坚持自主创新；推广上要慎重，做到确保安全；管理上要严格，坚持依法监管。2021年、2022年连续两年，中央一号文件都对加快推进生物育种关键核心技术攻关和产业化应用做出明确部署，启动实施农业生物育种重大项目，有序推进生物育种产业化应用。

2020年10月，中共十九届五中全会提出，瞄准生物育种等8个前沿领域，实施一批具有前瞻性、战略性的国家重大科技项目。

2020年12月，中央经济工作会议提出，要尊重科学、严格监管，有序推进生物育种产业化应用。

2022年3月，习近平总书记在看望农业界、社会福利和社会保障界全国政协委员时的重要讲话中强调：解决吃饭问题，根本出路在科技。种源安全关系到国家安全，必须下决心把我国种业搞上去，实现种业科技自立自强、种源自主可控。

我国政府对发展转基因技术的方针是一贯的、明确的，态度是积极稳妥的。目前，我国允许转基因棉花、转基因番木瓜的商业化种植，允许转基因食品销售，允许合法的转基因科研性质的种植。无论从技术标准还是从程序上，我国的相关安全评价体系都是非常严格的。

4 转基因技术在保障我国粮食安全方面能发挥什么作用？

转基因技术将为保障国家粮食安全提供品种和技术支撑

我国是粮食生产和消费大国，粮食供需总量基本平衡。但由于受到人口增长、资源约束、气候变化等因素限制，我国粮食供需长期处于紧平衡状态。我国粮食安全的总体目标是确保“谷物基本自给、口粮绝对安全”的底线要求。

粮食一般是指谷物，主要是指水稻、小麦和玉米三大主粮，我国还包括豆类和薯类。随着我国大力发展粮食产业经济，粮食产量、种植面积和单产整体呈现增长态势，2021 年全国粮食总产量达 6828.5 亿千克（13657 亿斤），比 2020

年增长 2.0%，粮食产量再创新高，连续 7 年保持在 6500 亿千克（1.3 万亿斤）以上；粮食播种面积 1.176 亿公顷（17.64 亿亩），连续两年实现增长；粮食作物单产 5805 千克 / 公顷（387 千克 / 亩），比上年增长 1.2%。但是我国粮食在总量平衡下，结构性的矛盾长期存在。水稻、小麦为口粮的必保品种；玉米在口粮中所占比重下降，饲用和工业用途比重上升显著；突出矛盾主要在大豆上，大豆产不足需，且产需缺口逐年加大，每年进口 8000 万 ~ 9000 万吨。

我国大豆产不足需，每年需要大量进口

我国大豆刚性需求旺盛，产量缺口大，进口依存度接近 84%。大豆品种和栽培技术与国际先进水平差距较大，国产大豆平均亩产还在 130 千克上下徘徊，只有世界平均水平的 70% ~ 80%，大豆生产机械化、规模化程度低，人工成本较高，生产成本比美国和巴西分别高出 31.2% 和 41.9%。

转基因技术是提升我国大豆产业竞争力的关键手段。目前，全球大豆规模化经营主体主要采用株型紧凑、耐密抗倒、抗病性强、适合全程机械化生产的高产大豆新品种。我国通过转基因技术培育的 3 个耐除草剂大豆已获得生产应用安全证书，可降低除草成本 450 元 / 公顷（30 元 / 亩）以上，较主栽品种增产 10% 以上，平均增效 1500 元 / 公顷（100 元 / 亩），同时可以实现合理轮作。我国自主研发的耐除草剂大豆目前还获准在阿根廷商业化种植，完成了转基因产品的国际化布局。

在玉米供给形势方面，近年来，我国玉米种植面积基本稳定在 4000 万公顷（6 亿亩）左右，2020 年种植了 4126.67 万公顷（6.19 亿亩），总产量 2.61 亿吨，自给率约为 95%。目前，我国玉米单产仍有很大的上升空间。以 2020 年为例，我国玉米单产为 6315 千克 / 公顷（421 千克 / 亩），仅为美国的 60%。

转基因技术可以有效提升我国玉米产量和生产水平。目前，通过转基因技术培育的 4 个抗虫耐除草剂转基因玉米获得生产应用安全证书，抗虫效果达 95% 以上，比对照玉米产量可提高 7% ~ 17%，减少农药用量 60%，有效降低了生产投入成本，减少了虫害和黄曲霉素污染。同时，耐除草剂特性显著，减少了人力投入成本。

受耕地面积的限制，一方面，要加大国产转基因大豆和玉米的研发，另一方面，还要统筹好、利用好国际国内两个市场、两种资源，把握好国际上玉米、大豆等多数大宗农产品供给充足、价格低位运行的条件，通过加强国际经贸合作，稳步拓展大豆、玉米等农产品进口来源，有效弥补国内产需缺口，保障国内市场供给和粮食价格平稳运行。

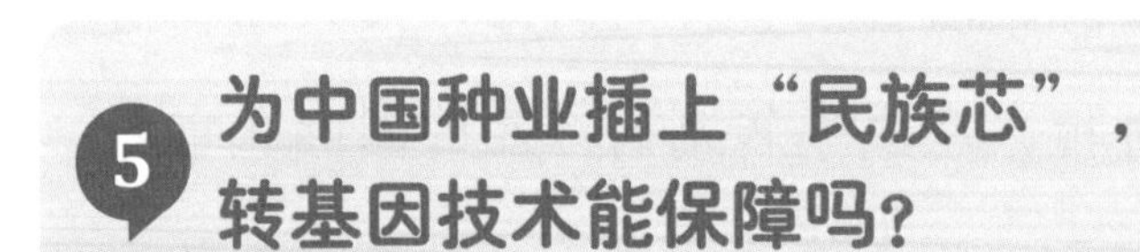

5 为中国种业插上“民族芯”，转基因技术能保障吗？

2022 年中央一号文件提出启动农业生物育种重大项目

2021年中央一号文件提出要加快实施农业生物育种重大科技项目。2022年中央一号文件提出，大力推进种源等农业关键核心技术攻关，全面实施种业振兴行动方案，启动农业生物育种重大项目。转基因技术作为全球发展最成熟、应用最广泛的生物育种技术，成为我们必须抢占的科技制高点。习近平总书记强调，要下决心把民族种业搞上去，抓紧培育具有自主知识产权的优良品种，从源头上保障国家粮食安全。

一直以来，一些人都在担心转基因专利掌握在国外公司手上，转基因粮食作物商业化后，会不会发生专利侵权，会不会影响中国的粮食安全？知识产权就是我们种业的“民族芯”，所以“自主基因、自主技术、自主品种”才是我们的发展目标。

目前，我国获得的具有自主知识产权的关键育种基因已有300多个，转基因专利数量近3000项，位居世界第二位。因此，不存在国外公司垄断转基因专利的情况，如在Bt抗虫基因的研究上，我国科学家发现的基因专利占全世界总数的一半，而且我国学者发表的转基因作物研究的论文数量也处于世界前列，尤其在水稻功能基因组和基因克隆方面处于国际领先水平，棉花、玉米的功能基因组研究也步入世界前列。

技术篇

我国已成为继美国之后的第二转基因研发大国，实现了从局部创新到“自主基因、自主技术、自主品种”的整体跨越。

6 什么是基因?

要说清楚基因，还得先从生命的构成讲起。在生物界，除了病毒之外，其他所有生命体都是由细胞构成的，包括单细胞生命体（如细菌）和多细胞生命体（如真菌、植物、动物）。细胞里有细胞核，细胞核里有染色体。之所以称为染色体，是因为发明显微镜以后，用显微镜观察细胞，看不清楚，就把细胞染色，染色以后，看到细胞核里有一个个深色的棒状物体，就把它叫作染色体。

1953 年，科学家破解了染色体的分子结构，这就是我们都熟悉的双螺旋结构。这种双螺旋结构的分子就是脱氧核糖核酸，英文缩写为 DNA。DNA 的基本组成单元是脱氧核苷酸，由碱基、脱氧核糖和磷酸构成。其中，碱基有 4 种：腺嘌呤（A）、鸟嘌呤（G）、胸腺嘧啶（T）和胞嘧啶（C），从而形成 4 种脱氧核苷酸。DNA 的双螺旋结构如果被拉展，就像是一条长长的铁路，铁轨的两条平行轨道就是两条由无数个脱氧核苷酸组成的长链，中间的枕木就是由两条长链上

DNA 结构示意图

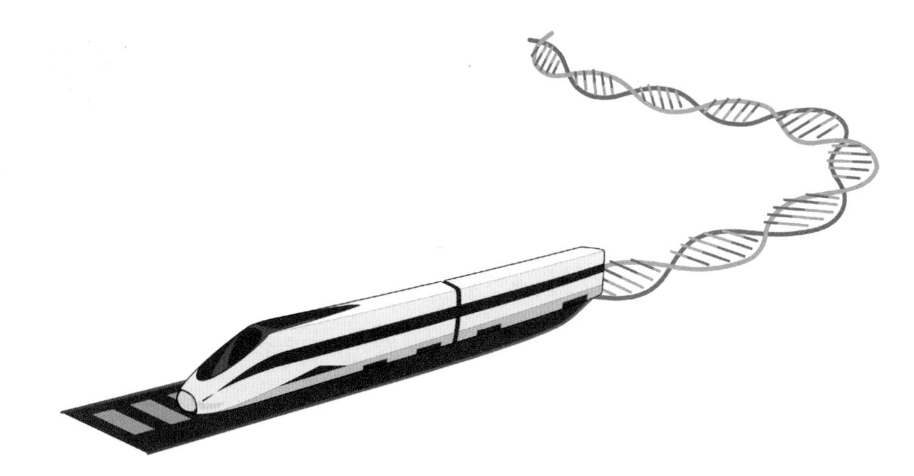

基因是染色体上的一段 DNA 片段，像不像长长的铁路的一小段呢？

的一个个脱氧核苷酸通过碱基互补配对连接而成。

所谓基因，如同铁路沿线上两个相邻火车站之间的那一段铁轨，就是通过成百上千的碱基配对组合而形成的脱氧核苷酸序列。不同的基因都有特定的核苷酸数量和排列顺序，含有特定的遗传信息，发挥特定的功能，控制特定的生物性状。例如，一个植物开什么花，结什么果，什么时候开花，什么时候结果，都是由基因决定的。所以，基因又被称为“生命的密码”，是决定生物特性的最小功能单位。

不同的生物，基因的数量也不同，一般来说，低等生物的基因就少，而高等生物的基因就多。像牛、水稻、番茄等动植物，一般有几万个基因。一个生物体所携带的全部基因的总和就构成了基因组，代表了这个生物体的所有遗传信息。

7 什么是基因遗传和基因变异？

基因存在于地球的每一个生物体上，是决定一切生命遗传变异的密码，具有“遗传”和“变异”两个特点。

一方面，基因能够忠实地复制，让子代得到父辈的遗传信息，使物种得以延续。俗话说的“种瓜得瓜，种豆得豆”就是基因遗传的体现。自然界中，一切生命现象和生物性状，如发芽结籽、酸甜苦辣、高矮胖瘦、生老病死等，都与基因密切相关。

另一方面，基因在一定条件下可能会发生变异，那些能让生物更好地适应环境变化的变异会在自然选择中被保留下来，并遗传给后代产生新的性状。俗话说的“龙生九子，各

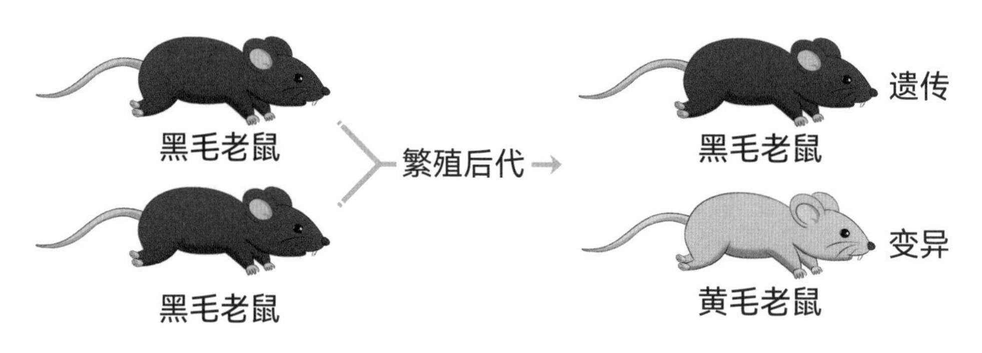

老鼠的基因遗传和基因变异

有不同”，就是基因变异的体现。其实，基因变异在自然界各个物种中是普遍存在的，可以说，基因变异是物种进化的动力。正因为有基因变异，地球上的生物界才变得如此多姿多彩。

8 什么是基因转移和基因重组？

在自然界长期的进化过程中，生物体内的基因并不总是足不出户的“宅男宅女”，在一定条件下会从一个生物体的基因组上，“跳到”另一个生物体的基因组上。这就是在自然界中存在的基因转移现象。这种转移既可能发生在相同的物种之间，也可以发生在不同的物种之间，从而加速了生物演化的进程。例如，在高等植物中普遍存在的异花授粉和天然杂交，就是依靠自然风或昆虫传播花粉，将一种植物的基因转移到另一种植物上。在亲缘关系较远的物种上也会发生基因转移的现象。例如，有科学家认为绿色植物中的叶绿体来源于单细胞生物蓝藻。蓝藻被其他生物吞噬之后，在长期的共生过程中，演化成了植物的叶绿体。基因的转移往往伴

蜜蜂传播花粉就可以将一株同种植物的基因转移到另一株同种植物上

随着基因的重组。例如，在恶劣条件下，细菌会向环境中分泌自身的DNA，这些DNA携带有抵抗恶劣环境的基因。环境中的其他细菌会主动吸收这些DNA，通过将其与自身的DNA重组，获得抵抗恶劣环境的特性。如同基因的转移一样，基因的重组既可能发生在相同的物种之间，也可以发生在不同的物种之间。

基因为什么可以跨物种转移和重组呢？这是因为地球上所有生物的遗传物质都是DNA。基因都是由成百上千的核苷酸连接而成的，基因的转移和重组，其实就是核苷酸的转移和重组。这是基因转移和重组的遗传基础。

9 转基因的原理是什么？

在自然界中存在的基因转移和基因重组现象，为动植物的转基因育种奠定了生物学基础。转基因的研究就是从自然界中一种名为“农杆菌”的生物学习来的。农杆菌是普遍存

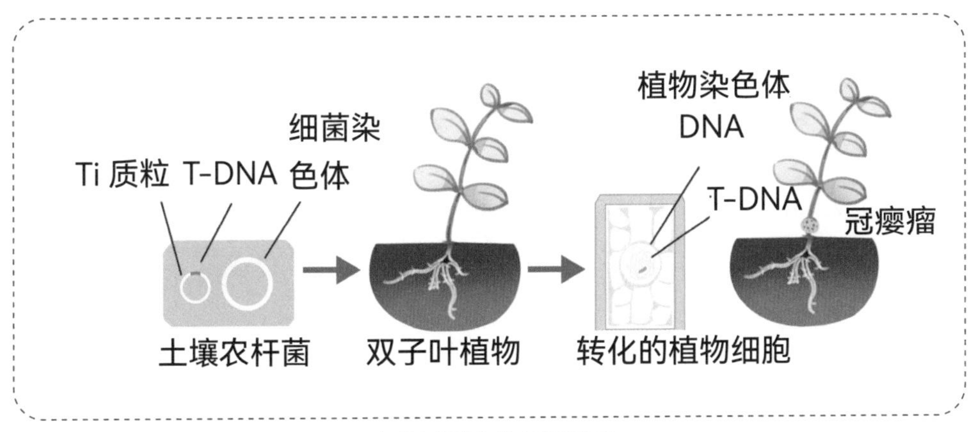

农杆菌转化示意图

在于土壤中的一种细菌，是天生的转基因高手。例如，土壤中的根瘤农杆菌，携带有一种染色体外的可以自主复制的特殊 DNA 分子（Ti 质粒，即肿瘤诱导质粒），含有致瘤基因，在自然条件下能侵染植物的伤口部位，进入植物细胞，然后将自身的一段 DNA（T-DNA，即转移 DNA）插入到植物的基因组中，并诱导植物产生瘤状物。我们平时看到许多树干

上鼓起的一个个大包，有些可能是树木遭受物理性损伤，如挤压、砍伐等，由于筛管的断裂造成局部营养过剩而引发的；有些可能就是根瘤农杆菌的“杰作”。科学研究发现，早在8000年前，甘薯的基因组里就含有土壤农杆菌的基因成分，可以说，甘薯是目前为止最古老的天然转基因植物了。

既然自然界中可以实现基因在生物体或物种之间的转移和重组，产生转基因生物，那么，在实验室中可不可以通过体外的基因重组，实现外源基因在另一种生物中的复制和表达呢？从20世纪40年代起，一系列重大生物工程技术的诞生，为实现体外的基因重组提供了理论基础和技术支撑。

常规的植物转基因实验就是借助于现代生物工程技术，利用农杆菌的天然转基因能力实现的。简单地说，就是将一种生物的一个或多个优良基因进行分离后，连接到农杆菌的DNA分子中，利用农杆菌将这些优良基因插入到另外一种植物的基因组中，并实现表达，经筛选得到具有期望性状的转基因植株。

推而广之，所谓“转基因技术”，就是将高产、抗逆、抗病虫、高营养品质等已知功能性状的基因，通过DNA重组方法转入到受体生物体中，使受体生物在原有遗传特性的基础上增加新的功能特性，获得新品种，生产新产品。例如，将微生物体内的抗虫基因转入棉花、水稻或玉米，培育成对棉铃虫、卷叶螟及玉米螟等昆虫具有抗性的转基因棉花、水稻或玉米。不过，转基因技术涉及复杂的操作步骤，即使有农杆菌的帮助，要想将基因成功转入受体生物并且表达出来，也不是那么容易实现的事儿，需要科学家们做大量的实验和长期的努力！

10 转基因技术是怎么发展而来的？

转基因植物发展历程

转基因技术的基础是基因重组技术。1953年，沃森和克里克首次提出了DNA的双螺旋结构模型和半保留复制假说。1966年，美国科学家尼伦伯格等破译了全部遗传密码，宣告了分子生物学的诞生。随着DNA限制性内切酶和DNA连接酶等工具酶的相继发现，为体外遗传操作提供了便利的工具。1972年，美国科学家波义尔和博格等成功实现了将不同来源的两段DNA拼接在一起，标志着DNA重组技术的诞生。1974年，莫洛等率先在大肠杆菌中表达真核生物基因；1978年又实现了人脑激素和人胰岛素基因在大肠杆菌中的表达。1983年，科学家首次完成了对烟草的遗传改造。

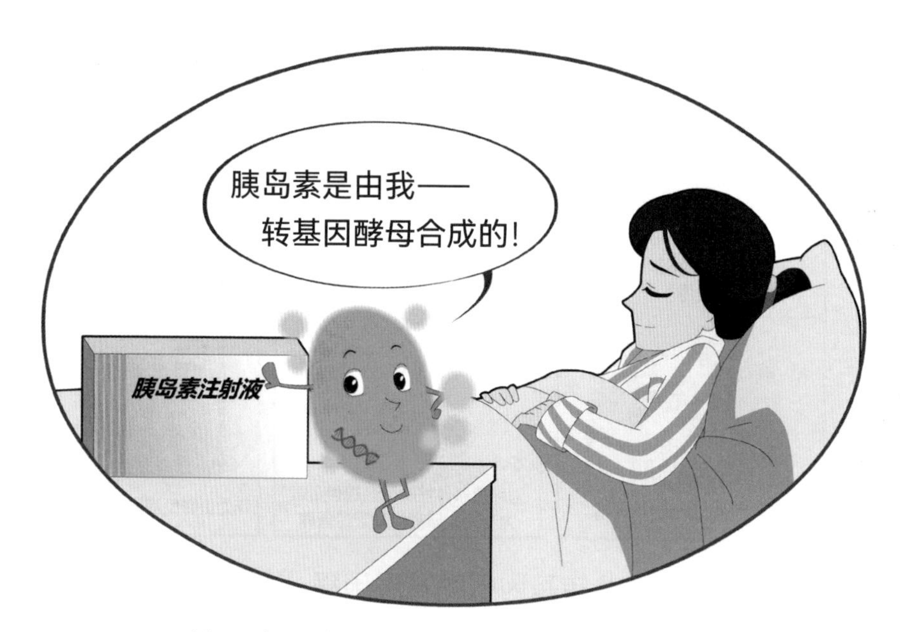

糖尿病人使用的胰岛素也是转基因产品

一连串的基因研究工作开启了人类改造生物的新纪元。1994 年，全球首例转基因农作物——耐贮存转基因番茄在美国批准上市。1995 年，美国批准了抗虫转基因马铃薯、耐除草剂或抗虫转基因油菜、玉米、棉花和大豆等商业化种植。此后，全球转基因农作物种植面积迅速扩大。

自 1996 年转基因农作物首次在全球大规模商业化种植以来，转基因技术及其产业在经历了“技术成熟期”和“产业发展期”两个阶段之后，目前已进入至关重要的抢占技术制高点与生物经济增长点的“战略机遇期”，正在从抗病虫和耐除草剂等第一代特性向节水抗旱、改良营养品质、改变代谢途径等第二、第三代特性发展，将为解决全球性粮食、环境、健康和能源安全问题发挥不可替代的技术支撑作用。

11 转基因育种和常规育种有什么不同？

育种技术是不断进步的。早期的农业社会，人们从自然界选择性状优良的植株进行种植，这种选育行为是原始的、随机的。随着遗传学的发展，逐步建立起品种选育技术，出现了杂交育种、辐射育种等多种选育手段，转基因育种也是一种新的育种技术。

杂交育种是指在作物的不同品种间进行杂交，从其杂交后代中筛选出具有父母本优良性状的新品种的育种方法。在农业上一般指同种作物内不同品种的杂交，也有远缘杂交。现在世界上生产应用的主要作物品种大都由此法育成。

辐射育种是利用辐射来诱发作物发生基因突变，从中筛选出优良的变异个体，培育成新品种的育种方法。太空育种就是辐射育种的一种。

不论采用什么育种技术，要获得一个新的优良性状，都必须改变作物的基因，从这点上看，转基因育种与杂交育种、

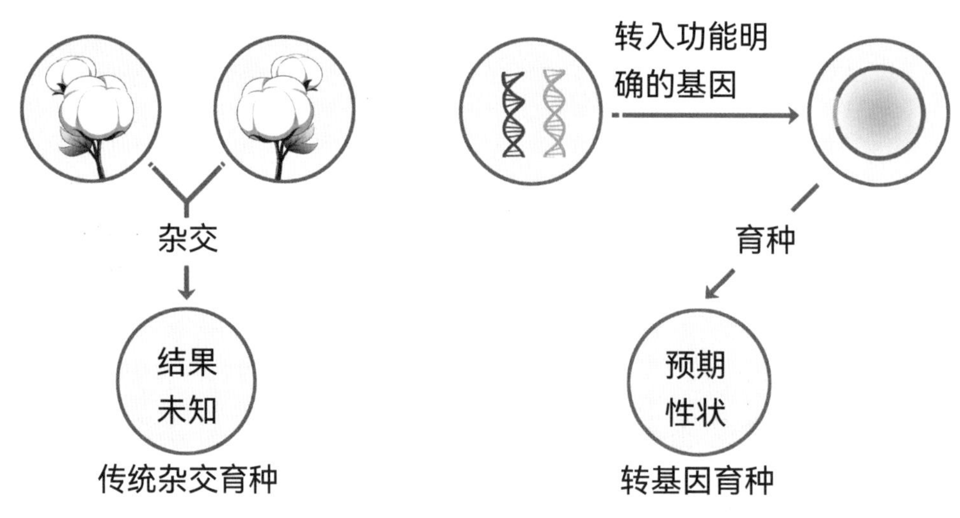

转基因育种可转入功能明确的基因，使作物获得预期的性状

辐射育种没有本质上的区别。杂交育种引入的基因成千上万，同时拥有几种优良性状的概率很低，需要大量筛选，而且无法获得父母本都没有的性状，只能期待自然变异的发生。辐射诱变带来的突变是不可控的，可能是好的，也可能是坏的，也需要大量筛选。转基因育种的优点非常明显，根据需要只转入一个或者几个已知功能明确的基因，使作物获得预期的性状，而且基因可以来自任何生物，大大提升了育种效率。

转基因育种是传统育种技术的发展，而不是替代，能用传统育种解决的事，就不需要转基因来做，所以每一项新技术的出现都是为了解决那些传统技术不能解决的难题。

12 农业领域应用转基因技术有哪些好处？

转基因技术无论对农业生产还是对生态环境都是益处多多。

第一代转基因作物主要是抗虫和耐除草剂两个性状。抗虫转基因作物能够防治鳞翅目类害虫，减少农药的使用，保护环境，还能降低农药喷施过程中发生人畜中毒的概率；耐除草剂转基因作物能够减少人工除草，实现免耕，有利于农业机械化应用，从而改变耕作模式，降低生产成本。

第二、第三代转基因作物主要在作物抗旱、耐盐碱、改善营养品质、改变代谢途径等方面发挥作用，新的转基因产品市场竞争力会更高，可为消费者带来更多选择。例如，美国已经批准的一种转基因马铃薯，能够有效降低高温油炸过程中产生的致癌物质丙烯酰胺的含量；黄金大米富含 β- 胡萝卜素，能预防夜盲症；高油酸大豆可以预防心脑血管病；高抗性淀粉水稻能够有效控制糖尿病人血糖的升高，让糖尿病人也可以正常吃上米饭。

转基因技术不但对农业生产和生态环境益处多多，
还可直接惠及老百姓的生活

转基因作物为应对粮食安全、可持续发展和气候变化问题做出了显著贡献。例如，1996—2018 年，种植转基因作物使全球作物产量增加了 8.22 亿吨，农药用量减少了 7.76 亿千克，并且改善了环境，减少了二氧化碳排放量，保护了生物多样性。

13 世界各国为什么都要争相研发转基因技术？

转基因产品可以带来丰厚的经济效益

由于转基因作物对环境、人类和动物健康，以及对改善农民和公众的社会经济条件的巨大益处，全球都在应用转基因作物。据统计，1996—2018年，转基因作物为全球带来了2249亿美元的经济效益，惠及1600万～1700万农民（其中95%来自发展中国家）。从世界范围来看，转基因技术领域分布广泛，发展速度日新月异。经济合作与发展组织（OECD）发布《2030年生物经济：制定政策议程》报告预测，到2030年生物技术产出将占全球农业产值的50%，农业生物技术引发了全球主要国家的战略关注与积极投入。以转基因技术、基因编辑技术、合成生物技术等为代表的现代农业生物技术正在引领新一轮绿色农业产业革命，世界各国都不会置身事外。

面对转基因技术，世界各国的大、小公司都不会置身事外

自1992年以来，除了康乃馨、玫瑰和矮牵牛外，各国监管部门已累计发布了4485项批文，涉及29种转基因作物的

403个转化体。近几年，美国、日本、加拿大一直位于批准转基因转化体数量最多的国家的前三位。其中，美国政府态度积极，方向明确，已经占领了全球转基因产业发展先机，在全球种业具有明显优势。美国是最早商业化种植转基因作物的国家，其转基因大豆、转基因玉米和转基因棉花的平均应用率达到95%。巴西和阿根廷种植转基因大豆后生产效益大幅提高，分别成为全球第二、第三大豆出口国。南非推广种植转基因抗虫玉米及印度引进转基因抗虫棉后，一举由进口国变成出口国。

全球转基因技术已广泛应用于提高作物抗虫、耐除草剂、抗旱等能力，在防止减产、减少损失、提高产量、提升品质、保护环境等方面发挥了重大作用，技术研发势头强劲，新品种不断涌现，产业发展方兴未艾，并对国际农产品贸易格局产生了重大影响。

14 发达国家转基因技术水平怎么样？

随着新基因、新性状、新方法和新产品不断涌现，转基因技术得到不断创新和发展。**首先，功能基因种类不断增加。**

1996年全球仅有100多个功能基因，经过短短10年美国农业部受理安全性评价的功能基因就达到380个。**其次，转基因作物性状日益丰富。**转基因作物从抗病虫和耐除草剂等特性向抗旱耐盐碱、高产优质、养分高效利用等特性发展，将在更广阔的领域改变传统农业的面貌。**最后，转基因方法更加多样。**新的基因操作技术和遗传转化方法不断出现。如锌指核酸酶（ZFN）和寡聚核苷酸定向诱变（ODM）等新技术，使植物基因定点突变成为可能。

转基因技术在作物上首先实现商业化的是抗虫和耐除草剂两个基因，培育了一批具有抗虫和耐除草剂性状的转基因作物。目前，转基因技术正朝着改善农艺性状如光合效率、肥料利用效率、抗旱耐盐碱和改善品质等技术方向发展，含有复合功能基因的转基因作物的研发近年来明显提速，已成为技术竞争的新热点。大豆、油菜、玉米和棉花的耐除草剂性状直到2018年仍是主要性状。2019年，抗虫和耐除草剂复合性状增长6%，占全球转基因作物种植面积的45%，超过了单一耐除草剂性状的种植面积。例如，含有多种抗虫（鞘翅目、半翅目和鳞翅目）并叠加多种耐除草剂（草甘膦、草铵膦、麦草畏、2,4-D）性状的玉米已在美国获批应用，其他新性状的转基因作物还有耐草甘膦和异氟醚的复合性状棉花、耐盐碱和耐除草剂的大豆、耐旱大豆、油质改良的油菜、低棉酚棉花、防褐变苹果等。

此外，一种含有耐旱基因 *HB*4 的小麦转化体在阿根廷获得了全面的技术批准，加拿大也已经批准了含有维生素 A 原转化体 GR2E 的黄金大米和 2 种高油酸大豆。虽然玉米、棉花、马铃薯、大豆和油菜是目前开展研究获批转化体最多的 5 种作物，但是具有保健、防病或抗癌功能的蔬菜、油料、糖料等多种转基因作物因能显著提高产品附加值，市场开发前景也非常广阔。

转基因技术市场开发前景广阔

相对于作物转基因技术，动物转基因技术的产业化应用较为迟缓，但其研发已涉及动物生产的很多方面，主要包括提高动物品质、繁殖能力、生长能力、抗病能力和减轻环境污染等。

15 我国转基因技术水平怎么样？在世界上排名靠前吗？

只有高精尖的技术才能跨过转基因产品研发的门槛

近年来，我国转基因技术研发与产业化取得了长足进步，国际竞争力显著提升。目前，我国已建立起涵盖基因克隆、遗传转化、品种培育、安全评价等全链条的自主研发体系和生物安全技术体系，形成了具有“自主基因、自主技术、自主品种”的产业发展格局。在稳步推进转基因棉花、番木瓜和动物基因工程疫苗产业化应用的同时，我国转基因玉米、转基因大豆、转基因水稻等研发与产业化也取得了重大突破。

与2008年转基因专项启动前的技术水平相比，我国水稻、棉花、玉米、大豆、小麦等主要农作物遗传转化技术体系得到进一步完善，其中，水稻和棉花遗传转化体系的转化效率达到国际领先水平。

我国转基因水稻研发达到世界领先水平，建立了一系列较完整的功能基因组组学平台，率先开发了基于新一代测序技术的高通量基因型鉴定方法，克隆了一批具有自主知识产权的基因，为我国转基因水稻的进一步发展注入了强大动力。我国“人血清白蛋白（HSA）”转基因水稻于2017年获批临床试验，即可以从水稻胚乳中提取人血清白蛋白，纯度可达到99.9999%，如果获准产业化后，可有效缓解医疗手术中的血荒问题，被称为“救命水稻”。我国转基因奶牛、转基因猪和转基因奶山羊等已完成生产性试验，并具备了产业化条件。

2021年，农业农村部对已获得生产应用安全证书的耐除草剂转基因大豆和抗虫耐除草剂转基因玉米开展了产业化试点。结果表明，转基因大豆、转基因玉米抗虫、耐除草剂特性优良，增产、增效和生态效果显著，配套的高产高效、绿色轻简化生产模式也逐步形成。转基因大豆的除草效果在95%以上，可降低除草成本50%，增产12%；转基因玉米对草地贪夜蛾的防治效果可达95%以上，增产10.7%，并且可以大幅减少防虫成本。随着研发水平、管理手段的不断完善提升和舆论环境逐步向好，生物育种产业化应用的基础条件已基本成熟，优先推进转基因大豆、转基因玉米产业化应用将能够解决目前农业生产面临的重大瓶颈。

16 制约我国转基因技术发展的因素有哪些？

与美国相比，我国转基因技术研发与产业化水平仍然存在较大差距，国际挑战和市场竞争形势严峻。**一是原始创新能力亟待提高**。主要体现在转基因核心技术等源头创新能力不足，核心专利数不足美国的1/10。我国具有自主知识产权的有重大育种价值的基因和原创性技术成果与美国差距较大。**二是技术创新体系亟待加强**。与美国比较，我国高效、安全、规模化转基因育种技术创新不足，尚未形成完善的技术和产业化链条，企业自主创新能力不强；转基因新品种培育技术体系不健全，产业化基地较少，基础条件设施不够完善，无法满足新品种培育和产业发展的迫切需要，严重制约了转基因产业的快速发展。**三是新一代产品研发亟待突破**。现在美国农作物推广利用的主要是抗虫兼耐除草剂或多个抗虫聚合的转基因新品种，而我国目前批准种植的转基因作物均是单

舆论误导与公众误解在一定程度上也成为
制约我国转基因技术发展的因素之一

基因产品，尚无多基因复合性状产品实现产业化。**四是转基因产品产业化严重滞后**。美国是全球转基因作物种植面积最大的国家，占全球转基因种植面积的39%。目前，我国实现产业化应用的作物仅有转基因棉花和转基因番木瓜，总种植面积320万公顷，种植面积由2009年全球第四位降至目前的第七位。我国培育的抗虫水稻、抗虫耐除草剂玉米、耐除草剂大豆等转基因新品种已具备产业化条件，但受国内产业化政策和社会舆论的影响，目前，仅转基因大豆和玉米刚刚进入产业化试点阶段。

17 我国转基因技术如何实现高水平发展？

目前，我国通过专项实施建立了完整的转基因育种技术体系，研发能力进入世界第一方阵，突破了一批关键核心技术瓶颈，主要动植物遗传转化效率达国际先进水平。但是，我国生物种业创新仍面临巨大挑战，关键核心技术原创不足，全球农业生物技术核心专利仍然是美国一家独大。此外，我国生物技术和信息技术等系统融合与集成应用不足，新型产品和多性状叠加产品研发滞后。

近年来，生命科学与信息科学的快速发展，以转基因技术为底盘技术，融合驱动基因编辑、全基因组选择、合成生物、人工智能设计等前沿育种技术，催生出具有颠覆性的农业生物设计育种技术，将成为农业生物育种领域的战略制高点。

因此，要实现我国转基因技术的高水平发展，**一要拓展技术领域**，推进生物育种向精准化、高效化、智能化发展；

中国转基因技术研发能力已进入世界第一方阵，未来可期

二要坚持产品导向，重点研发多性状叠加产品和新型优质绿色产品；**三要坚持产学研深度融合**，构建“政产学研金”协同创新的生态体系，推动多元要素融合创新；**四要大力推进产业化**，综合考虑产品安全性、技术成熟度、产业急需度、社会接受度和国际贸易等因素推进商业化种植；**五要打造领军企业**，造就转基因生物育种创新领军人才和创新团队，培育具有国际竞争力的创新型种业企业。

应用篇

目前，全球共有71个国家或地区批准种植或进口转基因作物，种类从转基因大豆、棉花、玉米、油菜拓展到转基因马铃薯、苹果、苜蓿等32种作物。

18 全球转基因产品有哪些？

全球常见转基因农作物

现在，转基因作物受到世界范围的广泛关注。目前，全球转基因作物已经扩展到四大作物（玉米、大豆、棉花和油菜）之外，包括苜蓿、甜菜、甘蔗、番木瓜、红花、马铃薯、茄子，以及南瓜、苹果和菠萝。此外，正在进行转基因研究的还涉及水稻、小麦、香蕉、鹰嘴豆、木豆和芥菜，这些作物具有各种有益的经济价值和营养品质性状，可为全球消费者和食品生产商提供更多的选择。这些作物中，有的可以鲜食，如番木瓜；有的简单加工后就可以食用或者饲喂动物，如玉米制成玉米粉；还有的可经深加工后利用，如大豆加工为食用油，玉米加工成果葡糖浆等。

除作物外，动物中用来做转基因实验的有牛、羊、猪、鸡、兔、鱼等。一部分转基因动物用于生物制药及研究人类疾病和器官移植。一些来自转基因动物的药物已获监管部门批准上市销售，如提取自转基因山羊乳汁的抗凝血酶药物Atryn。以改善畜产品品质、提高动物生长率、增强动物抗病性和减少畜牧业污染为目的的转基因动物研究，绝大多数尚处于实验室研究阶段，没有获得商业化生产销售授权。还有一些转基因动物是观赏性的，如能发出荧光的转基因斑马鱼，已获得公开销售的许可。目前只有极少数品种的转基因动物获批可作为食品，如AquaBounty公司研发的转基因三文鱼，经过长达17年的评估和研究，美国食品药品监督管理局（FDA）才批准其上市。

其实，自20世纪80年代初基因重组技术诞生，转基因技术首先应用于微生物。在医药领域，目前广泛使用的人胰岛素、基因工程疫苗、抗生素、干扰素等都是利用转基因微生物生产的。在工业上，转基因微生物支撑着整个发酵工业，可以生产食品酶制剂、食品添加剂等。如转基因微生物生产的凝乳酶可用来加工生产干酪，加酶洗衣粉里的酶是一种生物催化剂，也是将酶基因转入细菌细胞生产的。

传统微生物应用　　微生物－基因工程应用　　转基因微生物应用

微生物在人类历史中的“角色扮演”

总之，转基因技术自诞生以来，已经给人们的生活带来了很多好处，只是人们原本并不了解罢了。

19 全球有多少个国家和地区在种植转基因作物？

根据国际农业生物技术应用服务组织（ISAAA）提供的数据，2019年，共有29个国家种植了1.904亿公顷转基因作物。排名前5位的是美国、巴西、阿根廷、加拿大和印度，这些国家种植了全球91%的转基因作物，尤其是巴西、阿根廷和印度在转基因作物种植面积方面领先于其他发展中国家。

种植转基因作物的国家主要分布在美洲大陆，包括北美洲的美国和加拿大，南美洲除巴西和阿根廷以外，还有巴拉圭、玻利维亚、乌拉圭、墨西哥、哥伦比亚、智利、洪都拉斯和哥斯达黎加8个国家种植转基因作物。

除印度以外，亚太地区还有8个国家种植转基因作物，包括中国、巴基斯坦、菲律宾、澳大利亚、缅甸、越南、印度尼西亚和孟加拉国。

在非洲，有南非、苏丹、马拉维、尼日利亚、埃斯瓦蒂尼和埃塞俄比亚6个国家种植转基因作物。

欧盟中有西班牙和葡萄牙2个国家种植转基因作物。

中国目前仅批准了抗虫棉和抗病番木瓜这两种转基因作物的种植，种植面积为320万公顷，居世界第7位。

我国目前仅批准商业化种植抗虫棉和抗病番木瓜这两种转基因作物

20 全球转基因农产品都被哪些国家消费了？

网络上对“欧美人到底吃不吃转基因食品？”意见不一，如果将“吃不吃”广义理解为“消费”，就是不论直接吃还是加工以后吃，还是饲喂动物后间接食用畜禽蛋奶，都算作“吃”的话，那么看看生产出来的转基因农产品的贸易数据，就可以清晰地了解到底这些转基因农产品都被谁“吃”掉了！

全世界绝大多数国家的农产品贸易里，都包括转基因农产品的贸易。目前，全球共有71个国家/地区应用转基因作物，可以分为两类：第一类是自己种，自己消费，有多余的再出口，总共有29个国家/地区；第二类有42个国家/地区，自己并不种植，而是直接进口用于食品、饲料和加工的转基因作物。

第一类国家/地区以美国、加拿大、巴西、阿根廷为代表，都是转基因农产品的主要生产国。这些国家生产的大宗农产品，如玉米、大豆、油菜、棉花等大部分都是转基因的。美国是转基因技术研发大国，也是全球最大的转基因作物生产国和消费国，目前美国已经批准了22种转基因作物产业化，每年转基因作物种植面积占其耕地总面积的40％以上，其中玉米、大豆、棉花、甜菜等转基因品种种植面积均超过90％。2020年，美国种植的50％左右的大豆和80％以上的玉米均在美国国内消费。美国的转基因食品主要来源于转基因的大豆、玉米、油菜、甜菜、番木瓜、苹果、马铃薯等，常见的食用油、糕点、薯片、大豆蛋白粉、卵磷脂、玉米甜菜糖浆、人造黄油、玉米淀粉、饮料、谷类食物等相关加工品基本都是转基因产品。据美国食品杂货制造商协会统计，美国市场上75%～80%的加工食品都含有转基因成分。

第二类国家/地区中，欧盟对种植转基因作物较为谨慎，只有西班牙和葡萄牙2个国家种植转基因玉米以应对欧洲玉米螟的侵扰。但欧盟已批准10种转基因作物用于食物和饲料用途，每年进口大量转基因农产品，主要是大豆、玉米、油菜、甜菜和其加工品。根据国际贸易数据统计，欧盟2020年进口约1100万吨大豆产品，转基因大豆进口量占其大豆总消费量的81%；玉米进口量为每年1000万～2000万吨，

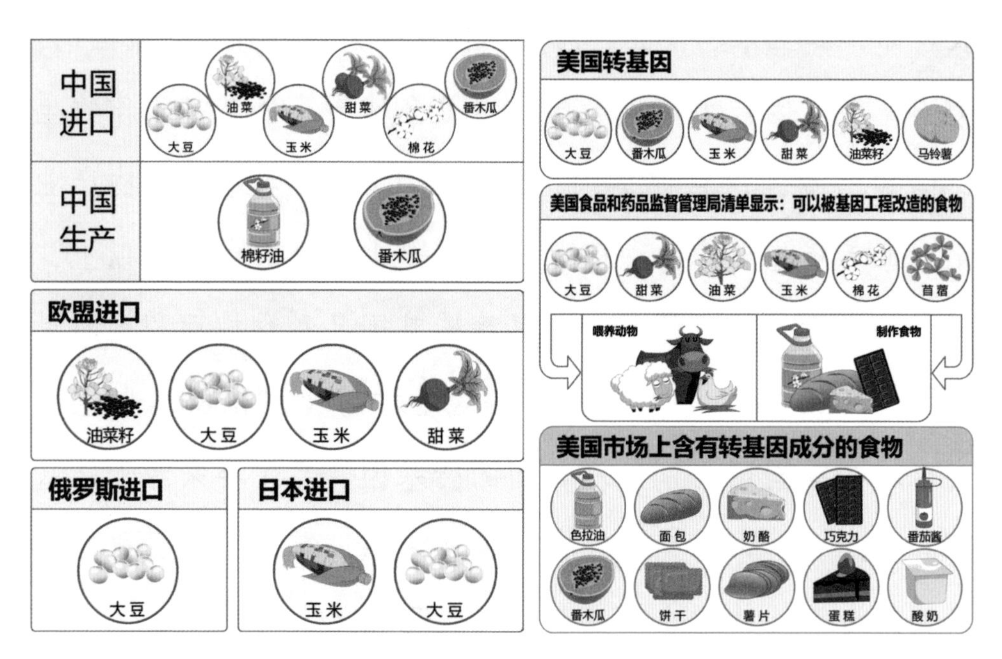

全球部分国家和地区丰富多彩的转基因食品

其中 20% ~ 25% 为转基因产品，还会进口 250 万 ~ 500 万吨油菜籽产品，近 25% 为转基因产品。由此可见，欧盟也大量消费转基因产品。

俄罗斯没有批准种植转基因作物，但允许进口转基因农产品。目前俄罗斯每年大约进口转基因大豆 200 万吨，占其国内大豆加工量的 40％。2020 年，俄罗斯为防止国内出现大豆严重短缺、影响畜牧业的稳定发展，出台了《转基因豆粕进口程序简化政府令》，大大简化了转基因大豆和豆粕的进口审批程序。

日本要求豆腐等豆制品以非转基因为主，但非转基因大豆的进口量不大，每年不到 100 万吨。同时，为满足国内饲料需求，日本每年要进口 200 万 ~ 300 万吨转基因大豆。此外，日本还是全球第二大玉米进口国，其玉米进口主要来自美国，也以转基因为主。韩国对转基因农产品的消费与日本类似。

21 目前国际上有转基因动物食品吗？

转基因动物，顾名思义，就是通过基因工程手段，将外源 DNA 稳定整合到动物基因组中所形成的动物个体。转基因动物产品的研发范围非常广泛，涉及农业、食品、医药、环保和工业领域。

目前，转基因动物研发主要涉及猪、牛、羊、鸡、鱼、猴、家蚕、果蝇等动物。通过转基因技术可以制备出不同特性的牛奶，如改变牛奶成分、生产功能牛奶，以满足人们多样化

转基因技术可制备出不同特性的多功能牛奶，满足人们多样化的需求

的需求。同样，通过转基因技术也可以提高畜禽的肉、乳等品质和产量。例如，在普通猪体内利用转基因技术转入菠菜Δ-12去饱和酶基因，获得了ω-6型不饱和脂肪酸含量高的转基因猪；将线虫ω-3型不饱和脂肪酸脱氢酶基因转入猪体内，猪体内的ω-6型不饱和脂肪酸被不饱和脂肪酸脱氢酶转变成了ω-3型不饱和脂肪酸，猪肉的营养价值就有了很大的提高。

转基因动物的商业化，国际上已有20多年的历史，只是可食用的转基因动物并不多。1989年，美国AquaBounty公司的研究人员将大洋鳕鱼和奇努克太平洋鲑鱼的DNA片段通过显微注射技术导入大西洋鲑鱼的鱼卵中使其受精，最终获得了转基因鲑鱼。经过评估，2015年11月，转基因鲑鱼，也就是我们常吃的三文鱼，成为世界上第一例也是唯一一例获批的可食用转基因动物。

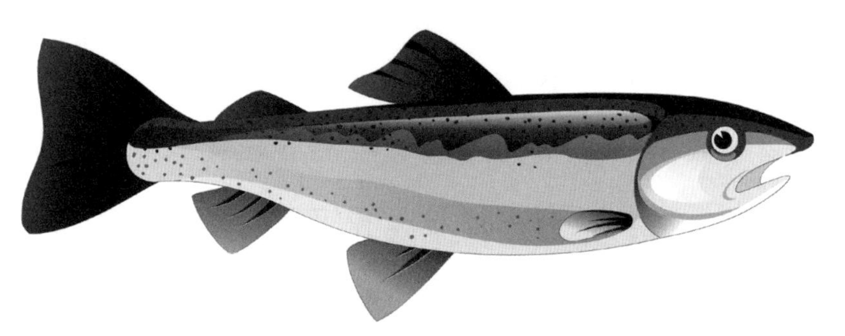

转基因三文鱼是世界上唯一获批的可食用的转基因动物

转基因食品进入市场前都要通过严格的毒性、致敏性、致畸性等安全评价和审批程序，不合格的转基因食品是不能通过安全评价的，转基因动物食品也不例外。因此，获得安全证书的转基因动物食品与传统食品一样安全，可以放心食用。

22 我国到底种了哪些转基因作物？

我国对转基因作物生物安全管理是十分严格的，在我国从事转基因生物生产和加工，首先需要取得生产应用安全证书。目前，已取得安全证书的转基因作物包括转基因抗虫棉、抗病番木瓜、抗虫水稻、转植酸酶玉米、抗虫耐除草剂玉米、耐除草剂大豆等，不管是食用安全性还是环境安全性，都经过了规范的评估，不会出现额外的风险。但是，这并不意味着就可以进行商业化推广。在我国的管理体系中，获得了安全证书的新品种，还需要经过品种审定，才能进入商业化推广阶段。因此，目前我国商业化种植的只有转基因棉花和番木瓜，转基因水稻、玉米、大豆尚未通过品种审定，还不能

目前我国批准商业化种植的只有转基因棉花和转基因番木瓜

真正商业化种植。转基因番茄、甜椒和矮牵牛也曾经获得过安全证书，但都已超过有效期，事实上也没有种植。

23 我们身边有哪些转基因食品？

由于国内只有转基因棉花和番木瓜获准能够商业化种植，所以国产的转基因食品只有番木瓜一种。其他转基因食品有哪些？又是从哪里来的呢？

国产番木瓜是市场上唯一不用加工而可以直接食用的转基因食品

除了生产应用安全证书，我国还有一类安全证书叫进口安全证书。进口的农业转基因生物按照用途分为3类进行管理，分别是用于研究与试验、用于生产和用作加工原料。2019—2021年我国共批准或延期了59个转基因品种的进口，涉及国外公司研发的转基因大豆、玉米、油菜、棉花、甜菜、番木瓜6种作物，批准的用途都是用作“加工原料”。也就是说，这些玉米、大豆和棉花进口之后，不允许在国内种植，也不能在市场上流通，而是直接进入加工厂，加工成其他产品才能进入市场。如进口的转基因大豆，会直接进入榨油厂，

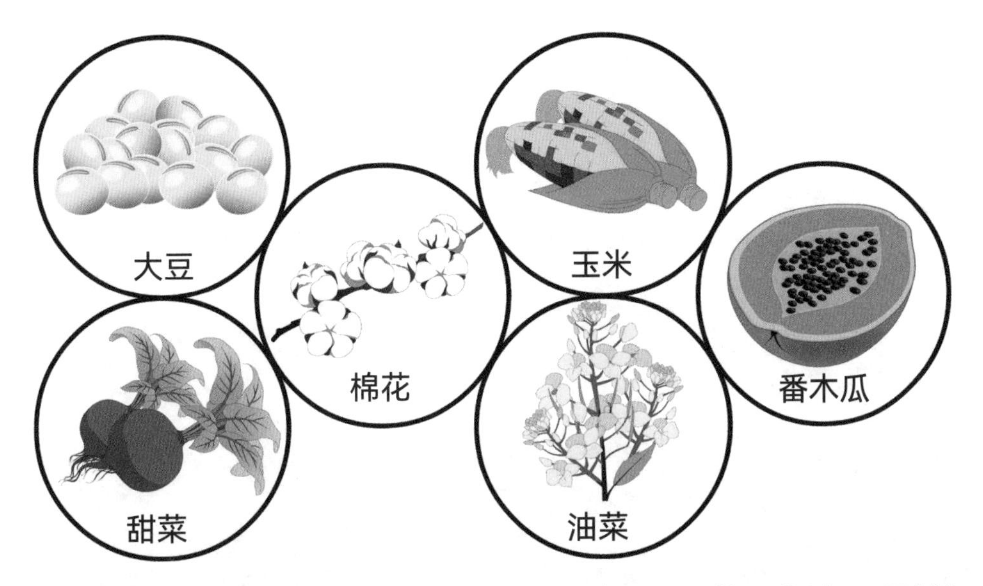

这6种进口转基因作物不能直接在市场上流通，只能用作“加工原料”

加工出来的大豆油进入市场，豆粕通常作为饲料的原料。而进口的转基因玉米，则可以用于生产饲料、淀粉、糖浆等等。

安全篇

通过安全评价依法批准上市的转基因食品与传统食品同等安全。

 吃了转基因食品会改变自己的基因吗？

吃只能提供营养物质，不会改变我们的基因

一些人因为听说转基因能够将其他物种的基因转到目的生物中实现跨物种的基因转移，所以就担心食用转基因食物也会把其他物种的基因转到自己的基因里。这种担心实在是杞人忧天了！千万不要把“吃”和“转”混淆在一起，如果靠“吃”就能转基因，那么科学实验可就简单多了。

从食物消化的原理来说，无论转的是什么基因，转入的基因来自哪种生物，无论核酸分子还是基因表达的蛋白质都是可以被人体消化吸收的，人体根本不会识别这种食物有什么基因、那种食物有什么基因，而是“一视同仁”当作营养物质处理。事实上，自然界中的生物基因成千上万，各有不同，白菜、萝卜、猪、牛等都有基因，而转基因食品和普通食品只有一个或几个基因不一样，为啥就担心这个基因会转移，不担心其他千千万万的基因呢？

25 转基因食品短时间吃了没事，长时间食用会不会有问题？

网上有一种说法：“食用转基因食品短期看不出问题，需要经过很多年、多代人才能验证是不是安全。”但到底多长时间、多少代人，又没有统一的说法了。人们为什么会有这种担忧呢？这恐怕和滴滴涕（DDT）引发的争论有关。

滴滴涕是一种曾被广泛使用的非常有效的化学杀虫剂，但是使用多年后人们发现它很难降解，而且会造成严重的环境污染，并通过食物链在动物体内蓄积，甚至会造成一些食肉和食鱼的鸟类接近灭绝，因此很多国家和地区已经禁止使用。

人们食用转基因食品其实很久了，你还在犹豫吗？

但对于转基因食品，它的任何成分，包括转基因成分，都不会在体内出现“累积效应”。基因是核酸分子，基因表达的产物是蛋白质，这些成分进入人体就会被消化分解，几个小时就被消化干净了。

当然吃进嘴里的东西，一定要保证安全性。大家都知道，有些人吃虾、吃花生会过敏，生吃豆角也会中毒，说明这些常见的食物中有一些成分是有致敏性和毒性的，在食用的时候要特别注意。为了防止出现这种问题，转基因食品在上市前需要经过食用安全性评价，只有新转入的蛋白不会有毒、不会致敏才能上市销售。到目前为止，全球尚没有发生过任何转基因食品安全性事件。

26 食用转基因食品会不会导致流产、绝育？会不会影响下一代健康发育？

面对科技的快速发展，人们总是有一种矛盾的心情，一方面，欣喜于科技带来的便利与好处，并享受其中；另一方面，又害怕科技被别有用心的人利用，给人类的生存带来威胁。转基因技术出现以来，就有很多转基因食品影响生殖生育的谣言出现，有人类精子活力下降、老鼠绝迹等耸人听闻的消息流传，体现出人们对新技术的担忧。

转基因食品到底会不会影响生殖生育呢？这个问题本身就是一个悖论，如果转基因食品会导致流产、绝育，那就没有下一代了，又如何遗传给下一代、影响下一代的健康发育

人们对新技术总是又爱又怕

呢？现代科学至今没有发现一例通过食物传递遗传物质，并整合进入人体遗传物质的现象。事实上，任何一种人们常吃的，即使是最传统的食品，都包含了成千上万种基因，从生物学角度看，转基因食品的外源基因与普通食品中所含的基因一样，在进入胃肠后，分解成小分子，被人体吸收。食用转基因食品是不可能改变人的遗传特性的。

27 为什么虫子吃了抗虫转基因作物会死，而人吃了没事呢？

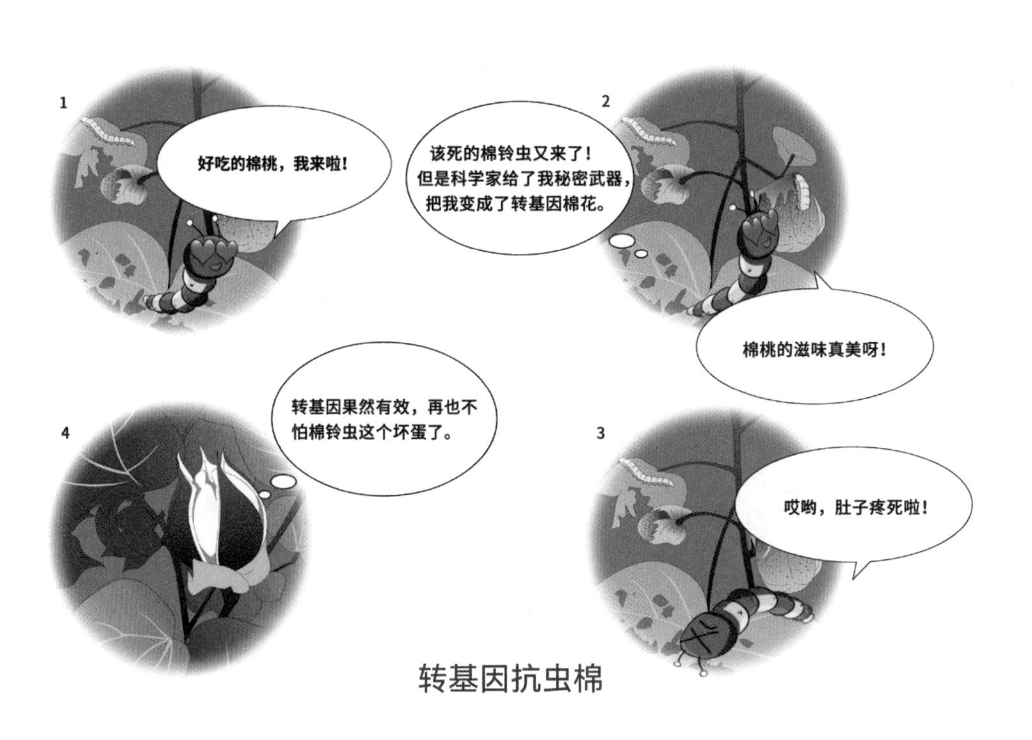

转基因抗虫棉

抗虫棉已经应用很久了，大家都觉得棉花能不怕棉铃虫，很棒！可是一说到抗虫水稻、抗虫玉米，有些人就产生了一种担忧：虫子吃了会死，人能吃吗？产生这种担忧并不奇怪，因为农业上常用的化学杀虫剂等很多都是有毒的，不仅能杀虫，而且对人也有毒性。但抗虫转基因作物里的Bt（苏云金芽孢杆菌）杀虫蛋白可不是一般的农药，它具有高度的专一性，只能与棉铃虫等鳞翅目害虫肠道上皮细胞的特异性受体结合，引起肠穿孔，导致害虫死亡，而其他昆虫、哺乳动物和人类肠道没有Bt蛋白的结合位点，所以不会对其他昆虫和哺乳动物造成伤害，更不会影响到人类健康。所以，鳞翅目虫子吃了抗虫转基因作物会死，而人吃了没事儿。

另外，人类发现Bt蛋白已有100多年，Bt制剂作为生

Bt蛋白能有效杀死鳞翅目害虫

物农药已经安全使用了70多年，至今都没有发现Bt制剂会引起人类过敏等不良反应，现在的有机农业中也使用它呢！

28 目前的转基因食用安全评价是用动物做实验，为什么不做人体试验？

大家都知道，药物在开发过程中，用动物做完实验后，一定要经过临床试验阶段，也就是人体试验，确认药物的有效性、安全性等指标后才能正式上市。转基因食品出现后，人们就有了疑问，为什么转基因食用安全性评价中只有动物实验，没有人体试验呢？

这个问题可以从两个方面来分析：是否需要和是否可行。

是否需要的问题就要比较一下药物和食品的区别了。药物开发的目的是治疗疾病，对应着的是患有某种疾病的特定群体，因此有必要招募患病群体进行人体试验来验证药物具有有效性，并且有较高的安全性，即副作用要小。食品则是为所有人提供营养，它的成分非常复杂，食品安全性评价的目的是确定食品中是否存在有毒有害的成分，是否会给人的健康带来危害。通常遵循国际公认的化学物毒理学评价原则，

转基因食品通过动物实验就可以确定安全性，不需要做人体试验

选择合适的受试动物代表人体进食，开展毒性、毒理、代谢等实验，进行风险评估，这是国际科学界的通行做法。转基因食品和常规食品的差别只在于转入基因所表达出的蛋白成分，通过动物实验就可以确定该成分的安全剂量、毒性和风险大小，所以是不需要做人体试验的。

是否可行的问题就要了解人体试验是如何设计并开展的。人体试验的进行首先必须建立在国际法律与伦理准则基础之上，试验设计要保证一定数量的受试者，受试者的健康状况要一致，且对试验过程严格管控。对于食品安全性评价来讲，无论是否符合科学伦理，都无法要求受试者长时间只食用单一食物，因此无法像动物实验那样进行严格的管理和控制。而且人的健康状况受多种因素影响，假如真的有人在参加试验后出现健康问题了，也很难判断是由某种食物成分还是其他因素引起的。

29 转基因食品与非转基因食品一样安全吗？有哪些国际机构声明支持这一说法？

关于转基因生物和食品的安全性评价，“实质等同”是目前被国际上普遍认可接受和采用的原则。2000 年，联合国粮农组织/世界卫生组织（FAO/WHO）联席会议将“实质等同”定义为：转基因生物与自然界存在的传统生物在相同条件下进行性状表现的比较，如果实质上是相同的，即应同样对待，视为安全。

“实质等同”从法律上看，是一个具有公正性和相对性的原则；从实践上看，是可操作的；从科学上看，也是可验证的。因此，经过政府部门和相关技术机构按照国家食品安全的标准，进行验证、审查和批准上市销售的转基因食品，就是与其他食品一样安全的食品。

转基因食品与非转基因食品是一样安全的

国际食品法典委员会（CAC）、联合国粮农组织（FAO）、世界卫生组织（WHO）、欧洲食品安全局（EFSA）、国际经合组织（OECD）、国际标准化组织（ISO）、联合国环境规划署（UNEP）等都对转基因生物安全评价标准有相关要求和评价，对转基因食品安全性的整体态度是：既反对转基因食品危险性言论，又强调对其开展有效的风险控制，以个案为基础，开展合理评估和应对，总体认为转基因食品是安全可信的。

30 转基因作物对生态环境有负面影响吗?

转基因作物由于转入基因而产生了一些新性状，让人们对种植转基因作物是否会给生态环境和生物多样性带来影响产生了担忧。

有人担心转基因作物的外源基因通过花粉转移至非转基因作物而使其受到外源基因的“污染”，也就是人们常说的“基因漂移”问题。的确，植物有花粉就会发生基因漂移，这是植物为了生存进化出的能力。不过，只要采取一定距离的安全隔离措施，严格安全管理，转基因作物基因漂移问题完全可以解决。

有人担心大规模种植转基因农作物会影响农业物种以及植物物种的生物多样性，出现物种、品种单一化的问题。目前，诸多保护生物多样性的措施已把这种可能的负面影响降到了最低。我国已经采取了就地保护（建立自然保护区）、迁地保护（植物园）以及建立农作物遗传资源种质库、植物基因库等措施。

还有人担心，抗虫转基因作物会不会影响目标害虫外的其他昆虫，改变农业生态系统中的种群结构和数量呢？客观而言，这一现象确实存在，但它所产生的影响是利大于弊。例如，在种植抗虫棉的农田中，增加的不只是次要害虫盲蝽，还有瓢虫、草蛉和蜘蛛等棉蚜虫的天敌，后者可以有效控制棉蚜虫的为害。

还有，抗虫和耐除草剂转基因作物种植后会不会出现抗性害虫和超级杂草呢？自然界的规律就是进化与选择，长期在抗虫和耐除草剂基因的筛选压力下确实有可能出现具有抗性的害虫和杂草，就像长期应用抗生素后，会出现耐药菌一样。如何防止这个问题的发生呢？现在主要是通过使用“害虫庇护所”策略，在种植抗虫转基因作物时，还会要求种植一些不抗虫的作物，这可以极大地延缓抗性害虫的产生速度。

在耐除草剂转基因作物田，农药的用量显著减少

安全篇

当然即使出现了抗性害虫和超级杂草也不用害怕，研究开发新的品种就行了。

实践表明，转基因作物对生态环境的正面影响要远远大于其可能存在的负面影响。转基因作物的种植在改善农业生态环境方面已显现出巨大的优势。种植抗虫、耐除草剂等转基因作物，显著减少了农药的用量，改善了农业生态环境。

31 转基因作物要做哪些环境安全性评价？

转基因作物在种植前要经过严格的安全性评价，其中环境安全性评价主要有6个方面：**一是生存竞争力的评价**，即与非转基因作物对比，对转基因作物在自然环境下的生存适合度和杂草化风险进行评估；**二是基因漂移的环境影响评价**，对转基因作物中的外源基因向其他植物、动物和微生物转移的可能性、漂移风险及可能造成的生态后果进行评估；**三是转基因作物的功能效率评价**，如抗虫作物，就要评估对目标害虫的抗性效率和作用效果；**四是转基因作物对非靶标生物的影响评价**，根据转基因作物与外源基因表达蛋白质的特点

转基因作物在种植前要经过严格的安全性评价

和作用机制，对相关非靶标有害生物（植食性生物），天敌昆虫、资源昆虫和传粉昆虫等有益生物，以及珍稀、濒危等受保护物种的潜在影响进行评价；**五是对生物多样性的影响评价**，根据转基因作物与外源基因表达蛋白质的特异性和作用机理，评价对相关动物、植物、微生物群落结构和多样性的影响，以及有害生物地位演化（如主要害虫和次要害虫相对地位的变化）的风险；**六是靶标生物的抗性风险评价**，评估靶标生物产生抗性的风险及影响转基因作物功能效果和品种应用寿命的风险。

世界各国对转基因的态度是怎样的？对转基因产品又是怎么管理的？

基于政治、经济、文化等多方面的因素，世界各国对转基因的态度和管理理念存在较大差异。总体来看，可以分为以美国为代表的积极推进模式、以欧盟为代表的严格控制模式和介于两者之间的审慎监管、适度发展的中间模式。

美国是转基因技术的起源地，拥有世界最多的转基因作物种类，是转基因技术最为先进的国家。作为转基因作物及食品的主要出口国，美国对转基因作物及其产品和国际贸易采取积极推进的政策。美国政府对转基因产品的管理是基于“实质等同”原则进行的，即转基因食品及成分与市场销售的传统食品具有实质等同性，美国并没有将转基因产品特殊对待而制定新的法律法规。加拿大、阿根廷等主要转基因作物种植国家对转基因产品的接受程度较高，政府对转基因产品的管理也与美国类似，市场销售的所有转基因产品均被认定为“实质等同”传统产品，因此，在产品标识上两者享有相同待遇，不强制要求销售商对转基因产品贴特殊标签。

欧盟对推广转基因产品的态度相对保守。欧盟采取“预防原则”进行转基因产品安全监管，并于20世纪90年代建

接受度高，转基因产品“实质等同”传统产品

态度相对保守，对转基因产品进行严格审批与标识

大量进口转基因产品，允许生产、销售转基因食品，定量部分强制标识

亚洲首个批准转基因作物商业化种植的国家

对转基因食品高度依赖

受政治、经济、文化等因素的影响，世界各国对转基因的态度和管理理念也不同

立了严格的转基因作物审批制度，虽然大部分欧盟国家都禁止种植转基因作物，但欧盟委员会根据国际上130多个科研项目得出了“生物技术，特别是转基因技术，并不比传统育种技术更有风险”的结论，因此并非以“不安全”或其他理由全面抵制转基因，目前已批准10种转基因作物用于食物和饲料用途，每年仍进口大量转基因农产品，主要是大豆、玉米、油菜、甜菜及其加工品。欧盟对市场上的转基因产品要求定量强制标识，认定只要产品中转基因的成分超过0.9%就必须标识。

采用中间模式的国家通常根据本国国情确立转基因作物和产品的管理模式。如日本没有立法禁止转基因作物种植，允许生产、销售转基因食品。日本作为最大的粮食进口国之一，每年都会进口大量的转基因产品。对上市销售的转基因产品采用定量部分强制标识，对特定类别的产品，其中转基因成分含量超过5%阈值则需要标识。

作为人口大国，印度政府非常重视生物技术对农业生产和粮食安全的作用。转基因抗虫棉的推广使印度成为世界棉花生产和出口大国。印度种植的主要转基因作物是棉花、茄子（印度的主粮），是转基因食品依赖国。

菲律宾是亚洲首个批准转基因作物商业化种植的国家。菲律宾颁布了一系列转基因生物法规，提高了种植、进口、商业化转基因产品审批流程的透明度，包括强化对于风险评估以及相关地方政府的监管力度。

无论对转基因作物商业化种植持积极态度还是审慎态度，对转基因产品是积极推广还是坚决抵制，大部分国家都在积极从事转基因研究，因为生物技术是各国都要争抢的科技制高点。

33 世界各国由哪些机构、部门负责转基因生物安全管理？

食品安全是大问题，世界各国都有评估转基因食品安全的部门

美国是全球最大的转基因农产品生产、消费、出口和技术输出国，也是全球最早实施转基因生物技术监管的国家。美国由农业部、食品药品监督管理局（FDA）和环保署（EPA）3个部门依据现行法律，对转基因产品分别进行管理，各自行使不同的职责。农业部主要负责种植安全，监管转基因作物的种植、进口以及运输；食品药品监督管理局负责转基因生物的食用和饲用安全性评估，评估程序属于自愿咨询程序，监管转基因动物的研发试验、环境和食用安全评价；环保署负责监管转基因作物的杀虫特性对环境和人类的安全。

欧盟实行谨慎保守的管理政策，严格管控转基因作物种植，但允许进口大豆和玉米等转基因农产品以满足畜牧业发展。欧盟专门建立了一系列的转基因生物安全管理法规。欧盟委员会负责审批转基因生物的进口和种植，欧盟总部有健康与消费者保护司等部门对转基因生物的田间试验、环境释放、投放市场等进行管理。欧洲食品安全局负责对转基因生物进行科学层面的评估，在提交欧盟委员会投票前需先经过欧盟食品安全局的安全评价。欧盟各成员国在统一的法律规范下，根据本国情况负责本国的商业化批准、监控和标识等。

其他国家也均根据本国情况设立专门机构管理转基因事务或将相关职责明确至相关部门。澳大利亚设有基因技术部长理事会、基因技术执行长官和基因技术管理办公室；巴西由国家生物安全理事会、国家生物安全技术委员会及政府相关部门等负责相关事务。阿根廷的农牧渔业、食品秘书处下设国家农业生物技术咨询委员会、全国农产品健康和质量行政部及国家种子研究所，还有国家农产品市场管理局和国家生物技术与健康咨询委员会也参与相关事务。加拿大的管理机构包括卫生部、环境部、害虫管制局和食品监督局。日本由文部科学省、厚生劳动省、农林水产省和通产省进行管理。韩国的管理部门涉及农林部、健康与福利部、科技部、海事与水产部、环境部、工商业与能源部。印度主要是环境与林业部和生物技术部，具体有6家主管当局，包括重组DNA顾问委员会、公共生物安全委员会、基因操控审议委员会、基因工程审议委员会、国家生物技术协调委员会和地区性委员会。

34 我国现行转基因生物安全管理法律法规有哪些？

我国对转基因安全的管理，最早可追溯到1993年国家科学技术委员会发布的《基因工程安全管理办法》（已废止），该办法中规定从事基因工程实验研究应进行安全性评价。其后，我国参照国际通行指南，借鉴美国、欧盟等管理经验，结合我国国情，建立了严格规范的农业转基因生物安全管理制度，以确保安全和国家利益。2001年，国务院发布了《农业转基因生物安全管理条例》，2002年、2006年，农业部发布了《农业转基因生物安全评价管理办法》《农业转基因生物进口安全管理办法》《农业转基因生物标识管理办法》《农业转基因生物加工审批办法》4个配套规章，2004年，

我国转基因安全管理有法可依

国家质检总局颁布实施了《进出境转基因产品检验检疫管理办法》。这一系列法律法规、技术规则和管理体系不断修订完善，为我国转基因安全管理提供了法律依据。

《中华人民共和国种子法》《中华人民共和国农产品质量安全法》《中华人民共和国食品安全法》等法律对农业转基因生物管理也做了相应规定。2022年1月21日，依据农业农村部令2022年第2号修改后重新发布了《主要农作物品种审定办法》，明确了转基因主要农作物品种审定的具体规定，本着尊重科学、严格监管、依法依规、确保安全的原则，稳妥有序地推进转基因等生物育种产业化应用，推动种业高质量发展。

35 我国对转基因作物安全性是如何监管的？

我国政府高度重视转基因技术安全性评价和管理工作，已建立了完整的安全管理法规、机构、检测与监测体系，并发布了一系列转基因生物环境安全性评价、食品安全性评价及成分测定的技术标准。

国务院建立了由农业农村部牵头、12个部门组成的农业转基因生物安全管理部际联席会议制度，负责研究和协调农业转基因生物安全管理工作的重大问题。农业农村部设立农业转基因生物安全管理办公室，负责全国农业转基因生物安全管理的日常工作。县级以上地方各级人民政府农业行政主管部门负责本行政区域内的农业转基因生物安全的监督管理工作。县级以上各级人民政府有关部门依照《中华人民共和国食品安全法》的有关规定，负责转基因食品安全的监督管理工作。

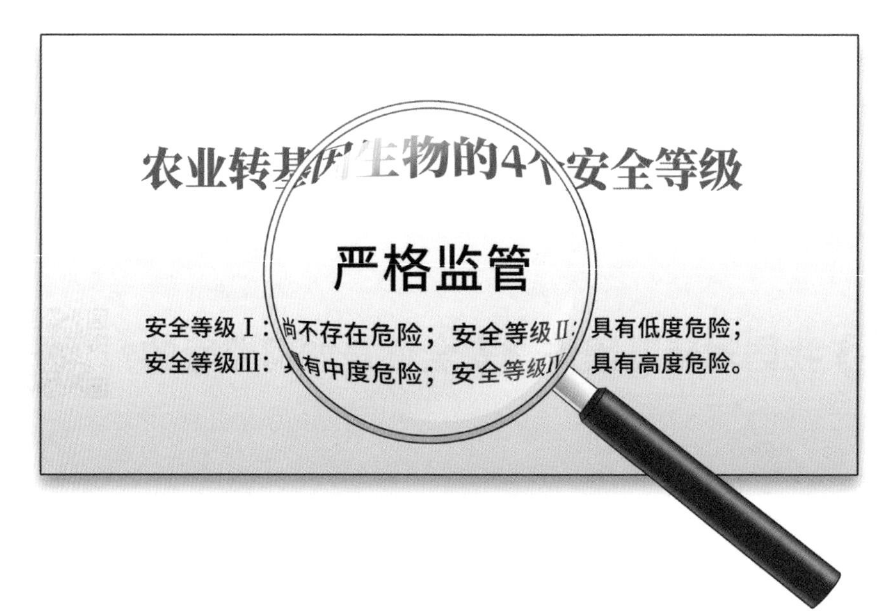

农业转基因生物可分为 4 个安全等级

农业转基因生物按照对人类、动植物、微生物和生态环境的危险程度，分为 4 个安全等级。安全等级Ⅰ：尚不存在危险；安全等级Ⅱ：具有低度危险；安全等级Ⅲ：具有中度危险；安全等级Ⅳ：具有高度危险。通过对农业转基因生物实行分级分阶段安全评价制度，监管转基因生物安全性。

在转基因作物大规模商业化种植前，需要进行什么样的生物安全评价？

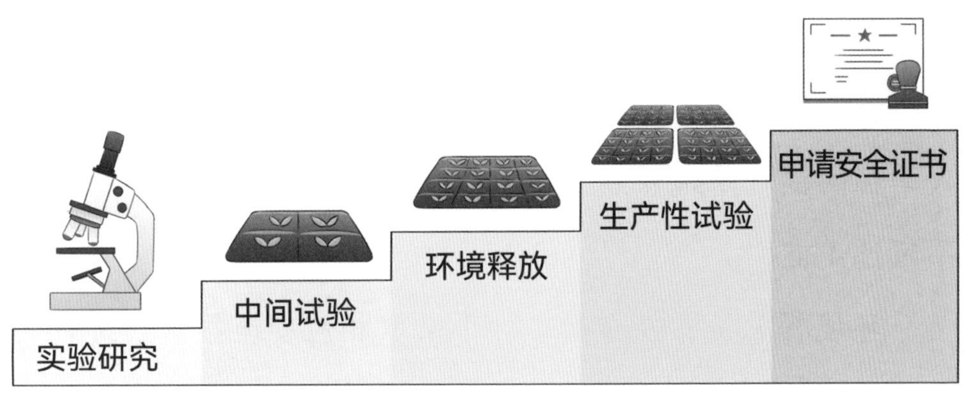

我国对农业转基因生物实行5个阶段安全评价制度

在我国从事农业转基因生物实验研究与试验的，应具备下列条件：在中华人民共和国境内有专门的机构；有从事农业转基因生物实验研究与试验的专职技术人员；具备与实验研究和试验相适应的仪器设备及设施条件；成立农业转基因生物安全管理小组。

按照《农业转基因生物安全管理条例》及配套规章规定，我国对农业转基因生物实行分阶段安全评价制度。按照控制体系和试验规模，分为5个阶段进行评价，即实验研究、中间试验、环境释放、生产性试验和申请安全证书。任何一个阶段发现食用或环境安全性问题则立即中止研发。

安全篇

实验研究是指在实验室控制系统内进行基因操作和转基因生物研究工作。

中间试验是指在控制系统内或者控制条件下进行的小规模转基因生物试验。控制系统是指通过物理控制、化学控制和生物控制建立的封闭或半封闭操作体系。中间试验应在法人单位的试验基地开展。试验规模以植物为例，每个试验点不超过4亩。

环境释放是指在自然条件下采取相应安全措施所进行的中等规模转基因生物试验的阶段。试验规模以植物为例，每个试验点一般大于4亩，但不超过30亩。

生产性试验是指在生产和应用前进行的较大规模转基因生物试验。试验规模以植物为例，应在获准环境释放的省（自治区、直辖市）进行，每个试验点试验规模大于30亩。

完成上述4个阶段评价后，即可填写《农业转基因生物安全评价申报书》，并提交至农业农村部转基因生物安全委员会审批。

按照农业转基因生物用途，还可分为生产应用和进口用作加工原料两个主要类别进行安全评价。用于生产应用的农业转基因生物安全证书，需要通过5个阶段评价，才能获得安全证书；进口用作加工原料的农业转基因生物，需要首先在输出国或地区获得安全证书，经农业农村部委托的技术检测机构进行安全性检测，经农业转基因生物安全委员会安全性评价合格并批准后，才能获得安全证书。

37 如何检测农产品是否含有转基因成分？去什么机构检测？

是否含有某种转基因成分，是可以到专业机构检测的

安全篇

根据检测原理的不同，目前转基因检测识别技术主要分为三大类。**一是基于外源基因核酸序列的检测识别技术**，也就是检测是否含有转入的DNA序列，如常规定性聚合酶链式反应（PCR）技术、实时荧光定量PCR技术、数字PCR技术、高通量测序和生物传感器技术等。**二是基于外源基因表达蛋白质的检测识别技术**，也就是检测是否含有转入的外源DNA序列表达产生的蛋白质，如酶联免疫吸附法（ELISA）和免疫层析试纸法等。**三是基于光谱分析的无损识别技术**。

我国已建成了区域性和综合性相结合的转基因检测体系。所有获得国家主管部门资质认定的转基因检测机构，具有开展转基因检测的法定检测资质，都能接受社会委托，出具具有法律效力的检测报告。

38 我国转基因安全管理的相关信息可从哪里获得？

我国一直依法开展转基因生物的安全管理，并重视信息公开工作，通过政府公报、官方网站、各级新闻媒体等多种渠道公开相关信息，提高转基因管理工作的透明度和公众参与度。

农业农村部官方网站专门设立了“转基因权威关注”专栏

农业农村部官方网站专门设立“转基因权威关注”专栏（http://www.moa.gov.cn/ztzl/zjyqwgz/），公开了农业转基因生物管理的相关政策法规、申报指南、审批结果和监管信息等，公布了已获批准的转基因生物的安全评价资料，并在重要法规制定和修订等重要工作中，及时面向全社会征求意见。

农业农村部还按照《中华人民共和国政府信息公开条例》的规定，接受信息公开申请，对属于法定公开范围的，及时提供相关政府信息或告知获取信息渠道。

39 如何保证公众对转基因食品的知情权和选择权？

我国对转基因产品实行定性按目录强制标识制度，对大豆、油菜、玉米、棉花、番茄5类17种转基因产品进行了强制定性标识，其他转基因农产品可自愿标识。强制标识转基因产品具体包括大豆种子、大豆、大豆粉、大豆油、豆粕；玉米种子、玉米、玉米粉、玉米油；油菜种子、油菜籽、油菜籽油、油菜籽粕；棉花种子；番茄种子、鲜番茄、番茄酱。目前，我国市场上没有转基因番茄。

我国对转基因产品实行定性按目录强制标识制度

我国的转基因标识非常严格，如大豆油，世界上很多国家都选择不标识，这是因为虽加工原料是转基因大豆，但在油脂类产品内检测不到与转基因相关的蛋白和 DNA，而我国就进行了强制标识。

虽然油脂类产品内检测不到与转基因相关的
蛋白和 DNA，但我国依然进行强制标识

目前，包括中国在内，全世界有 70% 的人口居住在已经批准种植或者进口转基因作物的国家中，有近 70 个国家和地区制定了自己的转基因标识办法，可以分为 4 种，一种比一种严格。**第一种是自愿标识**，如加拿大、阿根廷等；**第二种是定量部分强制标识**，要求对特定产品进行标识，如日本规定对豆腐、玉米小食品等24种由大豆或玉米制成的食品必须进行转基因标识；**第三种是定量强制标识**，要求对所有产品只要其转基因成分含量超过阈值就得标识，如欧盟规定转基因成分超过0.9%、巴西规定转基因成分超过1%必须标识；**第四种是定性按目录强制标识**，即凡是列入目录的产品，只要含有转基因成分或者是由转基因作物加工而成的，就必须标识。我国采用的就是第四种标识办法。

标识的目的就是保障消费者的知情权和选择权。转基因标识和《中华人民共和国食品安全法》规定的食品营养标签的作用类似，但标识和食品安全性没有任何关系，因为任何一种不安全的食品都不可能通过标识来上市，所以只要上市了，它就是安全的。现在很多产品为了营销，标识上"非转基因"误导消费者，如"非转基因花生油""非转基因橄榄油"，暗示"转基因不安全"，造成了市场的混乱，而实际上现在花生、橄榄等还没有转基因的。为此，2018年7月4日，国家市场监督管理总局、农业农村部、国家卫生健康委员会联合发布了《关于加强食用植物油标识管理的公告》，规定对我国未批准进口用作加工原料且未批准在国内商业化种植，市场上并不存在该种转基因作物及其加工品的，食用植物油标签、说明书不得标注"非转基因"字样。

专栏

真相揭秘

40 美国人不吃转基因食品，生产出来的都卖给了中国人？

美国市场转基因食品超 5000 种

事实上，美国既是世界上种植转基因植物最多的国家，也是转基因食品生产大国和消费大国，美国市场上 75% 以上的食品都含有转基因成分。据不完全统计，美国国内生产和消费的转基因大豆、转基因玉米、转基因油菜等植物来源的转基因食品超过 3000 个种类和品牌，加上凝乳酶等转基因微生物来源的食品，超过 5000 种。美国生产出来的转基因产品，大部分都是在本国市场消费。可以说，美国是吃转基因食品种类最多、时间最长的国家。

转基因育种违背了生物进化规律？

转基因育种是传统育种技术的发展和延伸

“物竞天择，适者生存”，生物通过遗传、变异，在生存斗争和自然选择中，由简单到复杂，由低等到高等，不断发展变化。种属内外甚至不同物种间基因通过水平转移，不断打破原有的种群隔离，这是生物进化的重要原因。

就遗传本质而言，转基因育种技术与杂交育种等传统育种技术一脉相承，都是通过改变作物基因来获得我们需要的优良性状，区别只是让作物获得目的基因的方法不同罢了。我们种植的绝大部分作物早已不是自然进化的野生种，而是经过千百年人工改造，不断打破生物间生殖隔离、转移基因所创造的新品种和新物种。

转基因技术是人类最新的育种驯化技术，是一种更准确、更高效、更有针对性的定向育种技术，与传统育种技术一样，没有违背自然界的生物进化规律。

42 转基因玉米杀精？

“转基因玉米杀精”是一个人为制造的谣言，不能让转基因背黑锅

“转基因玉米杀精”是一个人为制造的谣言，它将广西的一则关于大学男生精液质量调查结果的新闻和广西种植“迪卡”系列杂交玉米两件无关的事件故意联系在一起。后经调查发现，有关大学生精液质量异常的调查报告中列出了环境污染、长时间上网等不健康的生活习惯等因素，并没有涉及转基因的指标，而被指造成精液异常的玉米品种迪卡007/008也只是常规杂交玉米，并非转基因玉米品种。

43 转基因大豆油致癌？

2013年，一篇《转基因大豆与肿瘤和不孕不育高度相关》的文章引发了公众的恐慌。文中称消费转基因大豆油的较多区域是肿瘤发病集中区。

该相关性研究只对比了省份间转基因大豆油的总消费量，完全不符合流行病学研究的基本要求，任何两组数据都可以进行相关性分析，但相关性不等同于因果关系。而且实际数据也并不符合，文中列出的转基因大豆油消费集中区域的广东、青海，癌症发病率较低，而基本不消费转基因大豆油的浙江、湖北、辽宁、黑龙江等省份则是癌症高发区。可见，食用转基因大豆油与癌症发病率并无必然的因果关系。另据全国肿瘤防治研究办公室对各省癌症发病率的分析并未发现癌症发病与食用转基因大豆油有关联。

44 转基因致老鼠减少、母猪流产？

2010年9月21日，《国际先驱导报》报道称，山西、吉林等地种植转基因玉米先玉335，导致老鼠减少、母猪流产等异常现象。此后，科技部、农业部分别组织多部门、不

新京报

2010年十大科学谣言

同专业的专家调查组进行实地考察。调查发现，先玉335根本不是转基因品种，山西、吉林等地也没有种植转基因玉米。老鼠减少、母猪流产等现象与转基因毫无关系，是报社记者道听途说，误将先玉335当作转基因玉米，而炮制了虚假报道。后来《国际先驱导报》的这篇报道被《新京报》评为2010年十大科学谣言。

转基因作物不增产，对生产没有任何作用？

作物的产量不是单由基因决定的，农业上的增产与否受多种因素的影响，既有与产量本身直接相关的基因，也有影

转基因作物带来的增产效果是客观存在的

响产量形成的其他因素（病虫害、草害、盐碱、干旱等）。

目前种植最多的转基因抗虫作物和转基因耐除草剂作物并不以增产为直接目的，但如同农药、化肥能够间接增产一样，由于它们能减少害虫和杂草为害，降低产量损失，加快了少耕、免耕栽培技术的推广，实际上起到了增产的效果。所以，种植转基因作物带来的增产效果是客观存在的。如巴西、阿根廷等国种植转基因大豆后产量大幅度提高；南非推广种植转基因抗虫玉米后，单产提高了1倍，由玉米进口国变成了出口国；印度引进转基因抗虫棉后，也由棉花进口国变成了出口国。另据报道，意大利研究人员对1996—2016年共21年间的转基因玉米研究文献进行分析发现，与非转基因品种相比，种植转基因玉米的产量在全球范围内提高了5.6%~24.5%，并可减少多达36.5%的霉菌毒素污染。

当然，转基因作物直接增产有赖于科技进步。科学家们正在通过多种途径致力于运用转基因方法直接提高作物产量。已有研究证明，通过改变一种促进植物生长的基因，可以将玉米产量提高10%。

46 大自然中不存在转基因作物？

甘薯是世界上第一例天然转基因作物

国际马铃薯中心对来自中国、美国、欧洲和南美等地的291个甘薯品种进行了比较系统的研究。结果发现，所有甘薯品种的基因组都含有农杆菌基因。因此，甘薯可能是世界上第一例转基因作物，而且是8000年前自然条件下天然产生的。该研究结果于2015年5月发表在《美国国家科学院院刊》上。据该研究报道，现在的栽培甘薯都是早期人类从野生甘薯驯化而来的，人类在最早种植甘薯的时候，土壤里的农杆菌侵染到野生甘薯根部细胞中，偶然情况下把自己的DNA转移到甘薯的细胞里，并整合到甘薯的基因组上，于是甘薯一不小心就成了转基因“明星”。

47 水果蔬菜不容易腐烂就是转基因的？

南瓜或番茄能存放1周，这不是稀罕事。水果蔬菜都有自己的保存条件，只要按照条件贮藏，就能保存很久，这只是因为人们想办法让它们进入“冬眠”状态，降低它们的呼吸作用和延缓它们的衰老进程而已。即使不放在冷库里，现在的水果蔬菜好像也比以往更耐贮藏了，这是不断进行品种

选育和改进保鲜技术的结果，和转基因没有关系。

的确，曾在20世纪90年代由美国科学家研发了耐贮藏的转基因番茄，这种番茄即使成熟了，皮也不会变软，很方便进行长途运输，可以延长货架期。不过，也正是因为它的皮厚不会变软，口感也不好，不受消费者欢迎，很快就退出了市场。

安全篇

48 奇形怪状的蔬菜水果就是转基因的？

网上流传圣女果、彩椒、小南瓜、小黄瓜、红皮马铃薯、紫薯等一些原本不太常见的蔬果作物都是转基因的，这是一种误导。其实，这些奇形怪状的蔬菜水果都跟转基因没有关系。究其原因，是因为目前市面上的农产品越来越丰富，如番茄有大果、中果、小果等多种果型，有火红、粉红、橙黄、金黄等多种颜色，有圆球形、扁圆形、樱桃形等多种形状；再如彩椒，颜色五彩缤纷，有黄、红、白、绿、紫、橙等。

其实，天然植物本来就是多种多样的，这是天然存在的遗传差异所导致的，与品种有关。举例来说，把各种番茄品种之间互相杂交，就能培育出不同颜色和大小的番茄。这些都是刻意选育与栽培出来的新品种，与转基因没有关系。即使是通过太空育种、诱变育种等培育的形形色色的蔬菜品种，往往被误以为是转基因，事实上也与转基因毫无关系。

是不是转基因，通过色彩、个头、季节、味道等识别方式并不科学，只能通过基因鉴别。

展望篇

国际上转基因技术已广泛应用于医药、工业、农业、环保、能源等领域，成为新的经济增长点，在未来数十年内将对人类社会产生重大影响。

49 未来会出现多功能转基因农产品吗？

未来的人口增长及环境变化在一定程度上“倒逼”人类要解决粮食安全问题和农业可持续发展等问题。未来，功能型转基因农产品将会越来越多。

（1）**转基因作物类** ①抗旱耐盐碱作物。大豆、水稻、小麦、玉米和马铃薯可能是将来粮食的主要组成。提高这些作物抵抗恶劣环境的能力，如耐旱、耐高温、适应高浓度 CO_2、耐盐碱、抗病虫等，将有力保障粮食安全。②品质改良作物。目前农作物品质改良主要集中在贮藏蛋白、淀粉、油脂等含量和组成上，如通过提高水稻中 β- 胡萝卜素含量生产黄金大米，通过转入维生素 A、抗坏血酸强化营养型玉米，以及提高赖氨酸含量生产高营养小麦等，可以把丰富的营养和美好口味的食物带给人们。

（2）**转基因动物类** ①转基因牛。利用牛乳腺生物反应器可以生产具有提高免疫力、促进铁吸收、改善睡眠等特殊功能的蛋白；通过肌肉生长相关的调控因子的基因可改造转基因肉牛肌肉纤维的性状，不仅使肉产量增加，而且使肉质更为优良；还可进一步改善牛肉的不饱和脂肪酸含量和氨基酸组成，以便满足更富有营养、更易吸收的需求。②转基因鸡。目前已有抗禽白血病病毒的转基因鸡，未来几年内抗禽流感、抗新城疫的转基因鸡也可能出现。鸡蛋作为高产的生物反应器，生产药用蛋白即将到来。③其他转基因动物。如提高羊毛产量和品质的转基因羊，生产蜘蛛丝蛋白的转基因牛、转基因羊、转基因兔等。

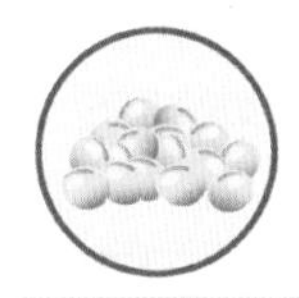

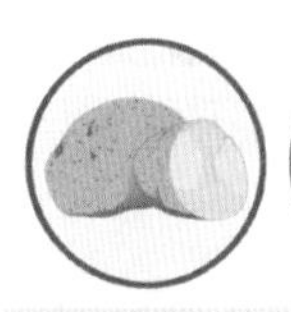

转基因水稻　转基因小麦　转基因大豆　转基因玉米　转基因马铃薯

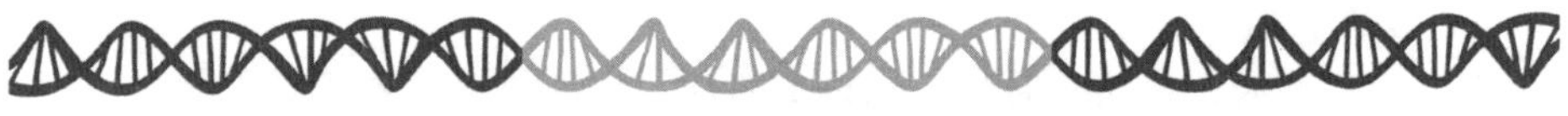

提高免疫力的蛋白？改善睡眠的蛋白？抗禽流感？……

转基因鸡　转基因猪　转基因牛　转基因兔

功能型转基因农产品将会越来越多

（3）**其他**　转基因植物另一个既有前景也具有挑战性的应用，是对碳固定、生物多样性与自然生态系统保护发挥重要作用的森林物种。对林木植物材性优良的分子育种将广泛应用于制浆造纸、生物能源开发、木材综合利用和森林固碳等方面。如抗虫转基因杨树，可获得高纸浆得率的转基因杨树，可用于绿化、造纸、燃料制备等方面的转基因树种等。

转基因技术在人类疾病的防治方面应用前景如何？

转基因植物制药

转基因动物制药

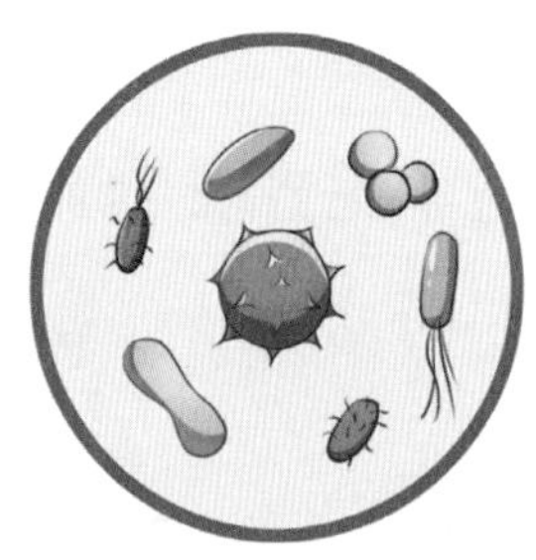

转基因微生物制药

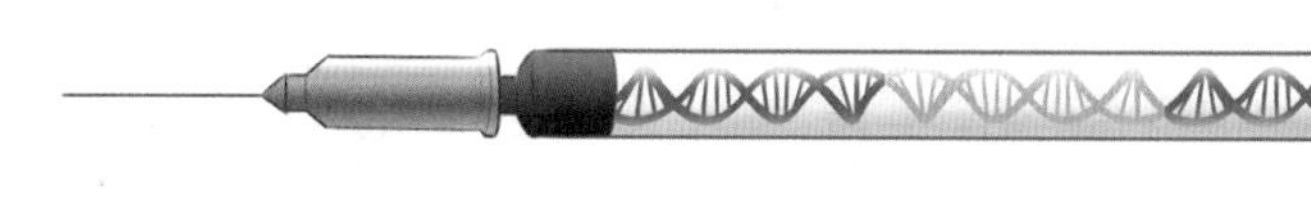

未来，转基因技术或许会给包括癌症患者在内的无数绝症患者带来康复希望

转基因技术未来将为预防和治疗人类的疾病提供新途径。

（1）**转基因植物制药**　植物生物反应器是未来转基因技术的一个重要发展方向，可以用来生产药物和疫苗。科学家已在研发预防龋齿、骨质疏松、糖尿病等药物、疫苗、抗体的转基因植物。例如，人血清白蛋白是人体内一种重要的蛋白质，医用人血清白蛋白注射剂被广泛用于失血、外科手术前后血浆容量不足而引起的休克，以及各种原因引起的低蛋白血症，被称为“救命药”。科学家将人血清白蛋白的基因通过遗传工程技术，将其插入水稻染色体中，利用转人白蛋白基因的水稻作为生物反应器生产人血清白蛋白。

（2）**转基因动物制药** 转基因动物在许多重要疾病治疗手段发掘方面将发挥至关重要的作用。例如，通过改变动物基因组构成，或插入特定DNA，可开发用于医药治疗的蛋白。科学家们在转基因猪身上培育异种器官已取得很大进展，如转基因猪心脏、转基因猪角膜等。中国、美国、日本和澳大利亚等几个国家的转基因动物器官移植已进入临床试验阶段。使用医学转基因猪生产人类身体不排斥的器官，将来或许会给无数患者带来健康生活。

（3）**转基因微生物制药** 利用转基因细菌、真菌、病毒生产干扰素和疫苗将在更大范围上开展，生产规模将更大。例如，将人工改造的新型细菌或者病毒，直接导入人体并使之靶向定位用于癌症的治疗，目前已取得了可喜的研究进展。使用转基因乳酸菌，同时与单层细胞共培养，可提升机体免疫力并预防结肠癌，这项研究也已取得良好的临床试验效果。

参考文献 REFERENCES

方玄昌，2019. 转基因的前世今生：权威专家全方位解读 [M]. 北京：北京日报出版社.

黄蓉，2017. 中国农业生物技术学会发布转基因十大谣言真相 [EB/OL]. (2017-08-03)[2021-12-20].http://www.moa.gov.cn/ztzl/zjyqwgz/sjzx/201708/t20170803_5768417.htm.

李新海，2020. 转基因玉米 [M]. 北京：中国农业科学技术出版社.

林敏，2020. 转基因技术 [M]. 北京：中国农业科学技术出版社.

农业农村部农业转基因生物安全管理办公室，2018. 转基因被误解的那些事 [M]. 北京：中国农业出版社.

农业农村部农业转基因生物安全管理办公室，农业农村部科技发展中心，2018. 农业转基因生物安全管理政策与法规汇编（2018 版）[M]. 北京：中国农业出版社.

农业农村部农业转基因生物安全管理办公室，2021. 公众关注的转基因问题 [M]. 北京：中国农业出版社.

彭于发，杨晓光，2020. 转基因安全 [M]. 北京：中国农业科学技术出版社.

沈立荣，2018. 转基因的真相与误区 [M]. 北京：中国轻工业出版社.

吴晶，2021. 转基因技术为保障粮食安全注入新动能：访中国工程院院士吴孔明、万建民 [N]. 中国纪检监察报，2021-10-16（4）.

吴琦来，魏哲远，张瑞楠，2021. 公众的转基因认知与信息接触、媒体信任：关注非形式逻辑认知的全国性问卷数据分析 [J]. 科学与社会（4）：117-137.

杨雄年，2018. 转基因政策 [M]. 北京：中国农业科学技术出版社.

朱水芳，2017. 转基因产品 [M]. 北京：中国农业科学技术出版社.

ISAAA，2021. 2019 年全球生物技术 / 转基因作物商业化发展态势 [J]. 中国生物工程杂志，41（1）:114-119.